高等院校医学实验教学系列教材

基础化学实验

第 2 版

主　　编　马汝海

副 主 编　申小爱　刘国杰　韩君君

编　　委　（按姓氏笔画排序）

马汝海　王　洋　申小爱

刘国杰　李栢林　李晓佳

张　凯　郝　靓　韩君君

科 学 出 版 社

北　京

内 容 简 介

本书根据医学人才培养方案，遵循“教学大纲”、按照学科发展，编写的实验教材。目的是使学生初步掌握化学实验的基本操作技能，加深对理论课知识的理解，为培养医务人员岗位胜任力打下坚实的基础。本书分为上下两篇，上篇为实验基础知识，包括第一、第二章；下篇为实验部分,包括第三、第四、第五章、第六章，由 22 个实验组成。其中实验二、四、五、八、十一、十二、十三、十六、二十、二十一共 10 个实验都配有英文对照实验内容，方便留学生查找和学习。实验中的一些仪器操作也依据教学需要进行了更新。

本教材供高等医学院校五年制和七年制各专业及留学生使用。

图书在版编目（CIP）数据

基础化学实验 / 马汝海主编. —2 版. —北京：科学出版社，2016.5

ISBN 978-7-03-048188-7

Ⅰ. ①基… Ⅱ. ①马… Ⅲ. ①化学实验-高等学校-教材 Ⅳ. ①O6-3

中国版本图书馆 CIP 数据核字(2016)第 093834 号

责任编辑：朱 华 / 责任校对：何艳萍
责任印制：徐晓晨 / 封面设计：陈 敬

科学出版社 出版
北京东黄城根北街 16 号
邮政编码：100717
http://www.sciencep.com

中煤（北京）印务有限公司印刷
科学出版社发行 各地新华书店经销
*
2011 年 7 月第 一 版 开本：787×1092 1/16
2016 年 5 月第 二 版 印张：7 1/2
2025 年 8 月第十二次印刷 字数：178 000

定价：32.00 元

(如有印装质量问题，我社负责调换)

再版前言

基础化学实验作为医学生第一门实验课，承担着培养学生的基本实验技能（包括但不限于：遵守实验室安全规则、如实记录实验数据、正确书写实验报告、常用仪器的使用和维护、常见事故的处理等）的目的。通过基础化学实验教学可以使学生初步掌握化学实验的基本操作技能，加深对理论课知识的理解。为后续医学基础课实验打下一个坚实的基础。可以说，基础化学实验对于养成医学生严谨的科学素养和培养良好的工作态度是非常重要的。

为了适应《基础化学》学科发展的要求，按照“教学大纲”的要求，根据第1版的使用情况和反馈意见，我们编写了这本《基础化学实验（第2版）》。

在第2版中，我们修正了一些错误，同时一些仪器的操作也依据教学需要进行了更新，如根据需要把分析天平由半自动电光分析天平改为全自动电子天平；分光光度计由原来的721（或722）型改为7200型等。另外，我们把英文对照实验内容放在了相应的中文实验的后面，方便留学生查找和学习。

本书由中国医科大学组织编写。编者为：马汝海（第一章），李栢林（第二章），张凯（第三章），刘国杰（第四章实验四、五、六），王洋（第四章实验七、八、九），李晓佳（第四章实验十、十一），申小爱（第五章），韩君君（第六章实验十六～十九），郝靓（第六章实验二十～二十二）。英文对照实验内容由负责编写中文实验的编者书写。

由于编者水平有限，书中难免有错误和疏漏之处，还望读者批评指正。

编　者

2016年3月

再版前言

目　录

上篇　基础化学实验基础知识

下篇　基础化学实验部分

上篇　基础化学实验基础知识

第一章　绪　　论

第一节　化学实验室一般规则

（1）实验前应认真预习实验教程，阅读有关教材及参考书，明确实验目的与要求，了解实验的基本原理、方法和熟悉实验步骤，写好预习报告。

（2）仔细阅读仪器使用指南，按说明进行操作。不得进行未经许可的实验和操作。

（3）实验前要清点仪器，如果发现破损或缺少，应立即报告指导教师，并按规定手续到实验准备室补领。实验时仪器若有损坏，也应按有关规定到实验准备室换取新仪器。

（4）学生进实验室应穿白大褂。实验时要遵守纪律，保持肃静，认真操作。实验时不得高声谈话，学生之间如需交流，不要干扰他人。

（5）实验须有记录本。仔细观察实验现象，并如实地、及时地记录所观察到的现象。根据原始记录，写出实验报告，按时交给实验指导教师。

（6）遵守试剂取用规则，注意节约药品。爱护实验设备，精心使用仪器，注意节约水、电。

（7）公用仪器与试剂只能在原处使用，不得随意挪动。

（8）使用精密仪器时，应严格按照操作规则进行操作，如果发现仪器出现故障，应立即停止使用，并及时报告指导教师。

（9）从试剂瓶中取出的试剂，不得再倒回原瓶中。若取了过量试剂，可分给其他同学，或转移至其他容器，或必须抛弃。取试剂前应两次阅读标签，以保证药品名称和浓度准确。

（10）注意实验室的整洁卫生，废纸、火柴杆及各种废液等应放入废液缸或其他回收容器内，严禁投入或倒入水槽内，以防堵塞或腐蚀水槽及下水管道。

（11）禁止将食物带进实验室，严禁在实验室吃东西、喝饮料。

（12）实验中应注意安全，易燃药品应远离火源。腐蚀性液体、有毒试剂须按规定回收处理。固体废物及腐蚀性液体、有毒试剂不得倒入水槽。

（13）实验结束前，不得擅自离开实验室。实验结束后，应将玻璃仪器洗刷干净后放回原处，整理好药品、仪器，擦净实验台面，清理水槽和周围地面，最后检查自来水、煤气开关是否关紧，电源是否切断，得到指导教师允许后，才能离开实验室。

（14）实验中的任何事故无论大小均须立即向教师报告。

第二节　化学实验室安全规则和事故处理

1. 化学实验室的安全规则

（1）一切能产生毒性或刺激性气体或挥发性有毒物质的实验均应在通风橱内进行。

（2）谨慎处理易燃和剧毒物质。使用此类物质时，应在通风条件良好并远离火源的地方进行。

（3）试管加热前，应将外壁的水滴擦干，加热时勿将试管口朝向他人或自己；不要直接加热试管底部，应倾斜试管缓缓加热液体上端到试管底部之间的部位。

（4）打开可能产生气体的试剂瓶时，要小心气体骤然冲出。嗅闻气味时不要将鼻直接接近瓶口，而应用手扇闻。使用浓酸、浓碱和洗液时，应避免接触皮肤或溅在衣服上，更应注意保护眼睛。

（5）使用热的或腐蚀性液体试剂时应穿防护外套以保护皮肤和衣物。最好穿皮鞋，勿穿布鞋或凉鞋。

（6）保持台面清洁，及时擦除溅落的酸和碱。若化学药品溅到皮肤上，立即用大量水冲洗患处，然后抹上肥皂，并用水清洗。

（7）使用各种电器时，切勿用湿手接触电源插头。

（8）熟悉实验室水、电、气的安装情况、灭火器材存放位置及使用方法，以便应急使用。

2. 化学实验操作过程中可能发生的事故与处理

（1）割伤处理：在伤口上涂抹碘酒后，敷贴创可贴。

（2）烫伤处理：在伤口上涂抹烫伤药物或用 10% $KMnO_4$ 溶液润湿伤口至皮肤变为棕色，也可用 5%的苦味酸溶液涂抹伤口。

（3）酸碱腐蚀：立即用大量水冲洗。酸灼伤时，局部用水冲洗后，再用饱和碳酸氢钠、稀氨溶液或肥皂水处理；碱灼伤时，局部用水冲洗后，则采用 2%～5%醋酸或 3%硼酸溶液处理。若酸溅入眼中，首先用大量水冲洗，然后用 1%～3%碳酸氢钠溶液处理后再用大量水冲洗。若碱溅入眼睛时，应用大量水冲洗，然后用 3%硼酸溶液处理。经上述处理后，立即送医院治疗。

（4）溴、氯、氯化氢等有毒气体吸入时，可吸入少量酒精与乙醚混合的蒸气以解毒，同时应到室外呼吸新鲜空气。吸入硫化氢、一氧化碳气体，应立即到室外呼吸新鲜空气。

（5）若遇毒物入口时，可内服一杯稀硫酸铜的溶液，再用手指伸入咽喉部，促使呕吐，然后立即送医院。

（6）若遇触电事故，首先切断电源，尽快用绝缘物如干燥的木棍或竹竿等，使触电者脱离电源。必要时进行人工呼吸，并立即送医院抢救。

3. 化学实验室的防火与灭火常识 引起化学实验室火灾的主要原因有：

（1）易燃物质离火源太近。

（2）电线老化、插头接触不良或电器故障等。

（3）下列物质彼此混合或接触后易着火，甚至酿成火灾：

1）活性炭与硝酸铵；

2）沾染了强氧化剂（如氯酸钾）的衣物；

3）抹布与浓硫酸；

4）可燃性物质（木材或纤维等）与浓硝酸；

5）有机物与液氧；

6）铝与有机氯化物；

7）磷化氢、硅烷、烷基金属及白磷等与空气接触。

进入实验室时，应掌握基本的灭火常识。少量有机溶剂着火时，在保证安全的情况下，可任其烧完或用湿布扑灭；大量有机溶剂着火时，应用干沙或干粉灭火器灭火。电气设备着火时，应立即关闭电源，再用二氧化碳或四氯化碳灭火器扑灭。身上衣物着火时，切勿跑动，应就地滚动，压灭火焰或脱掉衣物。总之，实验室内一旦着火或发生火灾，切勿惊慌，应冷静果断地采取扑灭措施并及时报告指导教师。

第二章　基础化学实验常用仪器使用及试剂的取用方法

第一节　常用玻璃仪器及使用方法

实验室常用玻璃仪器指没有准确刻度的仪器，包括试管、烧杯、量筒、烧瓶、漏斗等，如图 2-1 所示。

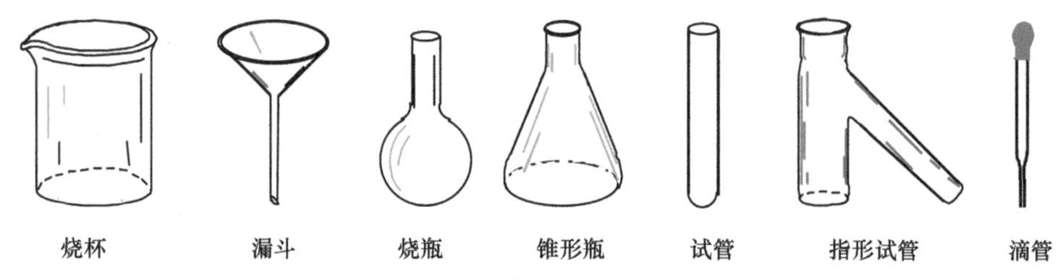

图 2-1　基础化学实验常用玻璃仪器

一、玻璃仪器的洗涤

为了使实验得到正确的结果，实验所用的仪器必须是清洁、干净的。洗涤玻璃仪器的方法很多，应根据实验的要求、污物的性质和仪器沾污的程度选择适宜的洗涤方法。一般说来，附着在仪器上的污物既有可溶性物质，也有灰尘和其他不溶性物质，还有油污和有机物质。常用的洗涤方法有：

（1）冲洗法：可溶性污物可用水冲洗，这主要是利用水把可溶性污物溶解而除去。为了加速污物的溶解，冲洗时必须振荡仪器。

（2）刷洗法：仪器内壁附着不易冲洗掉的物质时，可用毛刷刷洗，利用毛刷对器壁的摩擦使污物去掉。

（3）药物洗涤法：对于用刷洗法刷洗不掉的不溶性污物，就要考虑用洗涤剂或药剂来洗涤。最常用的是用毛刷蘸取肥皂液或合成洗涤剂来刷洗，主要是除去油污或一些有机污物。用肥皂液或合成洗涤剂等仍刷洗不掉的污物，或者因仪器口小、管细而不便用毛刷刷洗，就要用铬酸洗液洗涤。用铬酸洗液洗涤时，可往仪器内注入少量洗液，使仪器倾斜并慢慢转动，让仪器内壁全部被洗液润湿。再转动仪器，使洗液在内壁流动，经流动几圈后，把洗液倒回原瓶内。对沾污严重的仪器可用洗液浸泡一段时间，或者用热洗液洗涤，效果更好。倾出洗液后，再用自来水把仪器壁上残留的洗液洗去。决不允许将毛刷放入洗液中。能用别的洗涤方法洗干净的仪器，就不要用铬酸洗液洗。因为铬酸洗液具有毒性，流入下水道后对环境有严重污染。铬酸洗液的吸水性很强，应随时把装洗液的瓶子盖严，以防吸水而降低去污能力。洗液可以反复使用，直到出现绿色，就失去了去污能力，不能再继续使用。

洗涤后的玻璃仪器是否洗净，可加入少量水振荡一下，然后将水倒出，并将仪器倒置。如果仪器透明，器壁不挂水珠，说明已洗净，如果仪器不清晰或器壁挂有水珠，则说明未洗净。

未洗净的仪器必须重新洗涤，直到洗净为止。洗净的仪器再用少量清水涮洗数次，必要时还应用少量蒸馏水或去离子水涮洗三遍。

凡是已经洗净的仪器，决不能再用布或纸去擦拭仪器内壁。否则，少量布或纸的纤维会留在器壁上，反而沾污仪器。

二、玻璃仪器的干燥

（1）晾干法：利用仪器上残存水分的自然挥发而使仪器干燥。通常是将洗涤后的仪器倒置在干净的仪器或搪瓷盘中，对于倒置不稳的仪器应倒插在仪器柜里的格栅板中，或插在实验室的干燥板上，干燥板应挂在空气流通又无灰尘的墙壁上。

（2）烤干法：利用加热使水分迅速蒸发，而使仪器干燥。此法常用于干燥可加热或耐高温的玻璃仪器，如试管、烧杯、锥形瓶等。在加热前要先将仪器外壁擦干，烧杯、锥形瓶可置于石棉网上用小火烤干，试管则可以直接用火烤干，但必须使试管口向下倾斜，以免水珠倒流炸裂试管，加热时火焰不要集中在一个部位，应从底部开始，缓慢移至管口，如此反复烘烤到不见水珠后，再把管口朝上，把水汽赶净。

（3）快干法：快干法一般只在实验中临时使用。将仪器洗净后倒置稍控干，注入少量（3～5mL）能与水互溶且挥发性较大的有机溶剂（如无水乙醇、丙酮或乙醚等），将玻璃仪器转动使溶剂在内壁流动，待内壁全部浸湿后倾出有机试剂（应回收），擦干仪器外壁，再用吹风机的热风迅速将仪器内壁残留的挥发物赶走，达到快干的目的。

（4）烘干法：如需要干燥较多的玻璃仪器，通常使用电烘箱。将洗净的仪器倒置，稍控后，放在电烘箱内的隔板上，关好烘箱门，将电烘箱内温度控制在 105℃左右，恒温加热约 30 min 即可。

第二节　化学试剂的取用方法

根据试剂中杂质含量的多少，可以把化学试剂分为优级纯（G. R）、分析纯（A. R）和化学纯（C. R）等级别。可以根据实验的要求，选用不同级别的试剂。

化学试剂在实验准备室分装时，一般常把固体试剂装在易于拿取的广口瓶中，液体试剂或配制成的溶液则盛在易于倒取的细口瓶或带有滴管的滴瓶中。见光易分解的试剂，应盛放在棕色瓶内。每一个试剂瓶上都应贴有标签，上面写明试剂的名称、浓度（溶液）和日期，并在标签上涂一薄层石蜡。

取用试剂前应看清标签，取用时先打开瓶塞，将瓶塞倒置在实验台上。如果瓶塞顶不是扁平的，可用食指和中指将瓶塞夹住或放在清洁的表面皿上，绝不能将它横置在实验台面上。不能用手接触化学试剂，用完试剂后，一定要把瓶塞盖严，绝不允许将瓶塞“张冠李戴”。然后把试剂瓶放回原处，以保持实验台整齐干净。

一、固体试剂的取用

（1）要用清洁、干燥的药匙取用。药匙的两端为大、小两个匙，分别用于取大量固体试剂和少量固体试剂。用过的药匙洗净晾干后，存放在干净的器皿中。

（2）注意不要多取。多取的试剂不能倒回原试剂瓶，可放在指定的容器中以供它用。

（3）称取一定质量的固体试剂时，应把固体放在称量纸上称量。具有腐蚀性或易潮解的固体试剂必须放在表面皿或玻璃容器内称量。

（4）往试管（特别是湿试管）中加入粉末状固体试剂时，可用药匙或将取出的试剂放在对折的纸条上，伸进平放试管中约 2/3 处，然后直立试管，把试剂放下去。

（5）往试管中加入块状固体试剂时，应将试管倾斜，使试剂沿管壁缓慢滑下，不能垂直悬空投入，以免击破管底。

（6）固体试剂的颗粒较大时，可在清洁干燥的研钵中研碎，然后取用。

（7）有毒的试剂要在教师指导下取用。

二、液体试剂的取用

（1）从试剂瓶取用液体试剂时要用倾注法。先将瓶塞倒放在实验台面上，把试剂瓶上贴标签一面握在手心中，逐渐倾斜试剂瓶，让试剂沿着洁净的试管壁流入试管，或沿着洁净的玻璃棒注入烧杯中。取出所需量后，应将试剂瓶口在容器或玻璃棒上靠一下，再逐渐竖起试剂瓶，以免遗留在瓶口的液滴流到试剂瓶的外壁。

（2）从滴瓶中取少量试剂时，应提起滴管，使滴管口离开液面，用手指紧捏滴管上部的橡皮胶头，以赶出滴管中的空气，然后把滴管伸入试剂里，放松手指吸入试剂，再提起滴管，垂直地放在试管口或烧杯的上方将试剂逐滴滴入。

使用滴瓶时要注意以下几点：

1）滴加试剂时禁止将滴管伸入试管中。

2）滴瓶上的滴管只能专用，不能放错，使用后应立即将滴管插回到原来的滴瓶中。不得将滴管乱放，以免沾污。

3）用滴管从滴瓶中取出试剂后，应保持橡皮胶头在上，不能平放或斜放，以防滴管中的试剂流入腐蚀胶头，沾污试剂。

4）滴加完毕后，应将滴管中剩余的试剂滴入滴瓶中，不能捏着胶头将滴管放回滴瓶，以免滴管中充有试剂。

（3）定量取用时可使用量筒或移液管，可根据需要选用不同容量的量筒或移液管。多取的试剂不能倒回原瓶，应倒入指定容器内以供它用。

第三节　煤气灯的使用方法

煤气灯是实验室常用的加热器具，其构造如图 2-2 所示。

煤气灯由灯管和灯座组成，灯管下部有螺旋，与灯座相连，灯管下部还有几个小圆孔，为空气的入口。旋转灯管可完全关闭或不同程度地开启圆孔，调节空气的进入量。灯座的侧面有煤气入口，通过橡皮管把煤气导入灯内。灯座下面或侧面有一螺旋形针阀，用以调节煤气的进入量。

点燃煤气灯时，应先顺时针旋转金属灯管，使空气入口关闭，擦燃火柴并放在管口旁，然后稍开煤气开关将灯点燃。调节煤气开关，使火焰保持适当高度。再逆时针旋转灯管导入空气，使煤气燃烧完全，形成淡紫色火焰。

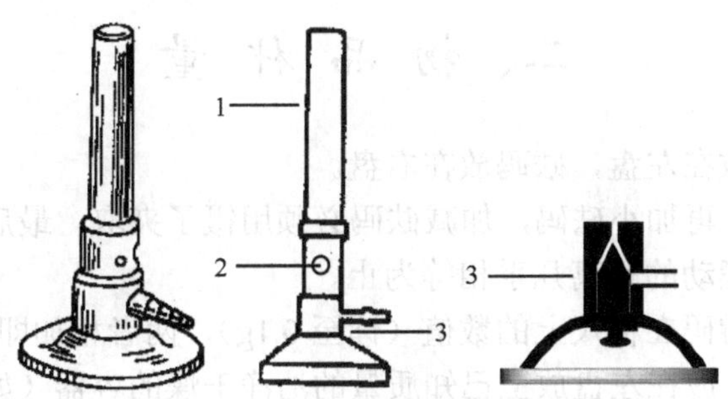

图 2-2 煤气灯的构造

1. 灯管；2. 空气入口；3. 灯座

空气或煤气的进入量不合适时，会产生不正常的火焰。当空气和煤气的进入量很大时，火焰脱离金属灯管的管口而临空燃烧，产生临空火焰。当空气进入量很大，而煤气进入量很小或中途煤气供应减小时，煤气在灯管内燃烧，这时可听到特殊的嘶嘶声和看到管口有细长火焰，这种火焰称为侵入火焰。如果产生临空火焰或侵入火焰，应立即关闭开关，重新进行调节后再点燃。

煤气中含有有毒的 CO 气体，使用煤气灯时要注意安全。停止使用煤气灯或离开实验室前，都应检查煤气开关是否关好，以免中毒或引起火灾。

第四节 托盘天平的使用方法

托盘天平是进行化学实验不可缺少的重要称量仪器。由于各种不同的化学实验对称量准确度的要求不同，则需要使用不同类型的天平进行称量。常用天平的种类很多，尽管它们在构造上各有差异，但都是根据杠杆原理设计制成的。

托盘天平称量的最大准确度为±0.1g，它使用简便，但精度不高。托盘天平的构造如图 2-3 所示。

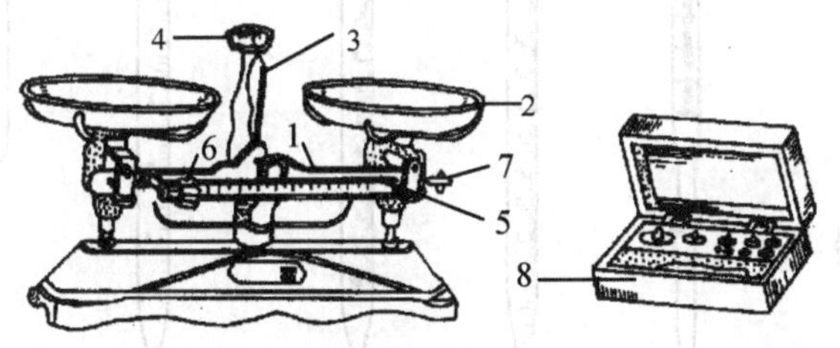

图 2-3 托盘天平

1. 横梁；2. 天平盘；3. 指针；4. 刻度盘；5. 游码标尺；6. 游码；7. 平衡调节螺丝；8. 砝码盒

一、称量前的检查

先将游码 6 拨至游码标尺 5 左端“0”处，观察指针 3 摆动情况。如果指针在刻度盘 4 左右摆动的距离几乎相等，即表示托盘天平可以使用；如果指针在刻度盘左右摆动的距离相差很大，则应将平衡调节螺丝 7 向里或向外拧动，以调节至指针左右摆动距离大致相等为止，才可使用。

二、物品秤量

（1）称量的物品放在左盘，砝码放在右盘。

（2）先加大砝码，再加小砝码，加减砝码必须用镊子夹取，最后用游码调节，直至指针在刻度盘左右两侧摆动的距离几乎相等为止。

（3）记下砝码和游码在标尺上的数值（读至 0.1g），两者相加即为所称物品的质量。

（4）称量药品时，应在左盘放上已知质量的洁净干燥的容器（如表面皿或烧杯等）或称量纸，再将药品加入，然后进行称量。

（5）称量完毕，应把砝码放回砝码盒中，将游码退回到刻度“0”处。取下托盘上的物品，并将两个托盘放在一侧，或用橡皮圈架起，以免天平摆动。

（6）称量时应注意以下几点：

1）托盘天平不能称量热的物品，也不能称量过重的物品（其质量不得超过天平的最大称重量）。

2）称量物不能直接放在托盘上，吸湿或有腐蚀性的药品必须放在玻璃容器内。

3）不能用手拿砝码和片码。

4）托盘天平应保持清洁，如果把药品撒在托盘上，必须立即清除。不用时应加塑料罩，以防灰尘。

第五节 玻璃量器的使用

医学基础化学实验中常用的玻璃量器有量筒、滴定管、容量瓶、移液管和吸量管等(图 2-4)。

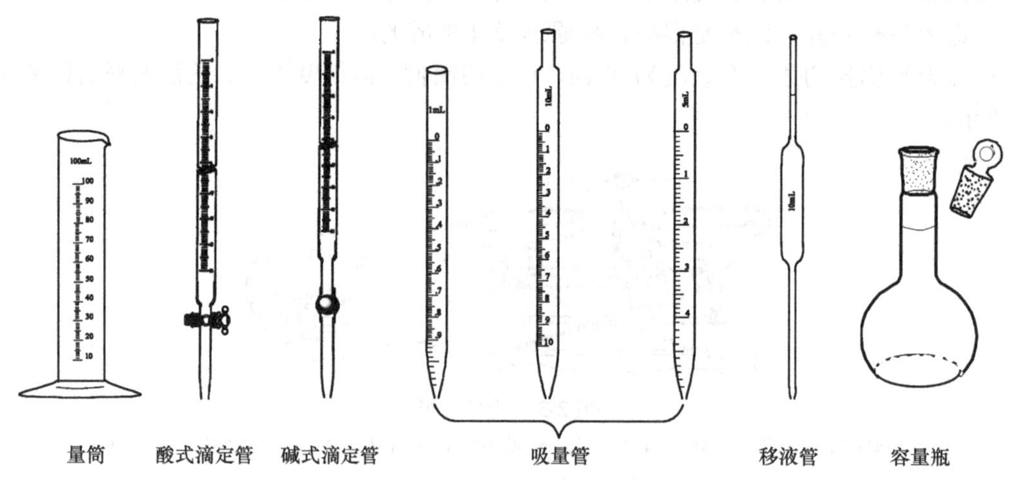

图 2-4 基础化学实验常用玻璃量器

一、量筒的使用

量筒是用于量取一定体积的液体物质的玻璃量器。根据不同的需要，量筒的容量有

5mL、10mL、20mL、25mL、50mL、100mL、200mL、1000mL 等，实验中可根据所取溶液的体积选用。

量筒的使用方法如下：

（1）量取液体时，量筒应竖直放置或持直，读数时视线应与液面水平，读取弯月面最低处刻度，视线偏高或偏低都会产生误差。

（2）量筒不可加热，也不能用作实验（如溶解、稀释等）容器，不允许量取热的液体，以防止破裂。

二、滴定管的使用

滴定管是滴定时准确测量标准溶液体积的量器，它是具有精确刻度、内径均匀的细长玻璃管。常量分析的滴定管容积有 50mL 和 25mL，最小刻度为 0.1mL，读数可估计到 0.01mL。

滴定管一般可分为酸式滴定管和碱式滴定管（图 2-4）。酸式滴定管下端有玻璃活塞开关，它用于盛装酸性或氧化性溶液，不宜盛装碱性溶液，碱性溶液能腐蚀玻璃使活塞粘住。碱式滴定管的下端连接一橡皮管，管内有玻璃球用以控制溶液的流出，橡皮管下端再连一尖嘴玻璃管。凡是能与橡皮管起反应的氧化性溶液（如 $KMnO_4$、I_2 溶液等），都不能盛装在碱式滴定管中。

（一）酸式滴定管的准备

（1）使用前，首先应检查玻璃活塞是否配合紧密，如不紧密，将会出现漏液现象，则不宜使用。其次，应进行充分洗涤，洗净的滴定管内壁应完全被水均匀润湿而不挂水珠。如内壁挂有水珠，则应重新洗涤。

（2）为了使玻璃活塞转动灵活，并防止漏液，需将活塞涂凡士林或真空活塞油脂。涂凡士林油的操作方法如下：

1）取下活塞小头处的固定橡皮圈，取下活塞。

2）用滤纸片将活塞和活塞套擦干，擦拭时可将滴定管放平，以免管壁上的水进入活塞套中。

3）用手指蘸少许凡士林在活塞的两头涂上薄薄一层，在活塞孔的两旁少涂一些。凡士林不能涂得太多，以免堵住活塞孔，也不能涂得太少，达不到转动灵活和防止漏液之目的。

4）涂好凡士林后，将活塞直接插入活塞套中，插入时活塞孔应与滴定管平行，此时不要转动活塞，这样可以避免将凡士林挤入活塞孔中。然后，向同一方向不断旋转活塞，直到活塞呈透明状为止。旋转活塞时，应有一定的向活塞小头方向挤的力，以免来回移动活塞，堵塞活塞孔。最后将橡皮圈套在活塞小头部分的沟槽中。

（3）用水充满滴定管，安置在滴定管架上直立静置 2min，观察有无水滴漏下，然后，将活塞旋转 180°，再在滴定管架上直立静置 2min，观察有无水滴漏下。如果漏水，则应重新进行涂油操作。

若活塞孔或滴定管尖被凡士林堵塞时，可将它插入热水中温热片刻，然后打开活塞，使管内的水突然流下，冲出软化的凡士林，凡士林排出后可关闭活塞。最后，再用蒸馏水洗滴定管三次，备用。

（二）碱式滴定管的准备

使用前，应检查橡皮管是否老化、变质，检查玻璃球是否适当，玻璃球过大，则不便操作；玻璃球过小，则会漏液。如不符合要求，应及时更换。

滴定管要进行充分洗涤，洗净的滴定管内壁为一均匀润湿水层，而不挂水珠。否则，应重新洗涤。

（三）装入标准溶液

装入标准溶液时，应先将试剂瓶中的标准溶液摇匀，使凝结在瓶内壁的水珠混入溶液，用该溶液涮洗滴定管 2～3 次，以除去管内残留的水膜，确保标准溶液的浓度不变。每次涮洗标准溶液用量约为 10mL。具体操作要求是：先关闭活塞，倒入溶液，两手平端滴定管，右手拿住滴定管上端无刻度部分，左手拿住活塞上部无刻度部分，边转动边向管口倾斜，使溶液流遍全管。打开活塞，冲洗出口，使涮洗液从下端流出。

在装入标准溶液时，应由试剂瓶直接倒入滴定管中，不得借用其他容器（如烧杯、漏斗等），以免标准溶液的浓度改变或造成污染。装满溶液的滴定管，应该检查尖嘴内有无气泡，如有气泡，将影响溶液体积的准确测量，必须排出。酸式滴定管，可用右手拿住滴定管无刻度处使其倾斜约 30º 角，左手迅速打开活塞，使溶液快速冲出，将气泡带走；碱式滴定管，可将橡皮管向上弯曲，出口向上倾斜，挤捏玻璃球，使溶液从尖嘴快速冲出，即可带走气泡（图 2-5）。

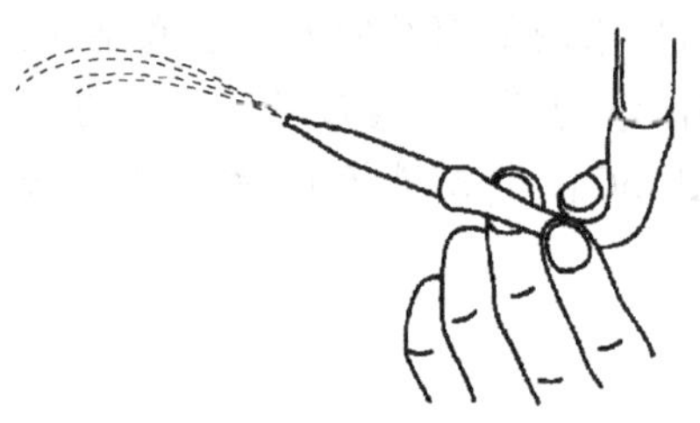

图 2-5　碱式滴定管排气泡的方法

（四）滴定管的读数

滴定管读数前，应注意管尖上有无挂着水珠。若在滴定后挂有水珠，则不能准确读数。读数一般应遵守下列原则：

（1）读数时，滴定管应垂直放置。

（2）由于水的附着力和内聚力的作用，滴定管内的液面呈弯月形。无色和浅色溶液的弯月面比较清晰，应读弯月下缘实线的最低点。为此，读数时视线应与弯月下缘实线的最低点相切，即视线应与弯月面下缘实线的最低点在同一水平面上，如图 2-6 所示。对于有色溶液，其弯月面不够清晰，读数时视线与液面两侧的最高点相切，这样才容易读准。

（3）为了使读数准确，在滴定管装满溶液或放出溶液后，必须等 1～2min，使附着在内壁的溶液流下来再读数。

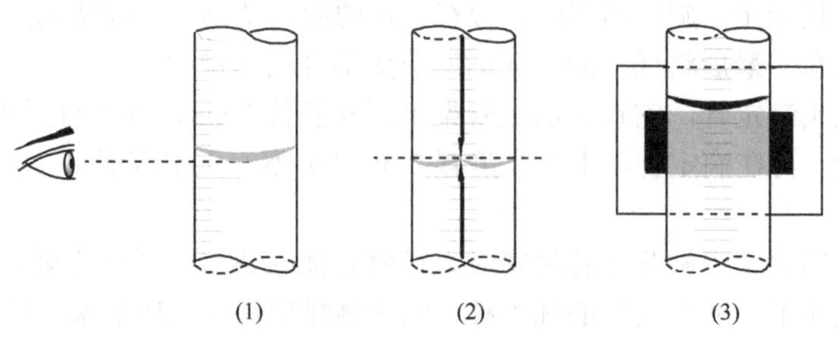

图 2-6　滴定管读数方法

（4）要读至小数点后第二位，即要求估计到0.01mL。

（五）滴定管的操作方法

使用滴定管时，应将其垂直地夹在滴定管架上。

1. 使用酸式滴定管时　左手握滴定管，无名指和小指向手心弯曲，轻轻贴着出口部分，用其余三个手指控制活塞的转动。但应注意，不要向外用力，以免推出活塞造成漏液，应使活塞有一点向手心的回力。

2. 使用碱式滴定管时　仍以左手握管，拇指在前，食指在后，其他三个手指辅助夹住出口管。用拇指和食指捏住玻璃球所在部位，向右边挤橡皮管，使玻璃球移至手心一侧，这样溶液可从玻璃球旁的空隙流出。不要用力捏玻璃球，也不要使玻璃球上下移动，不要捏玻璃球下部橡皮管，以免空气进入形成气泡而影响读数。

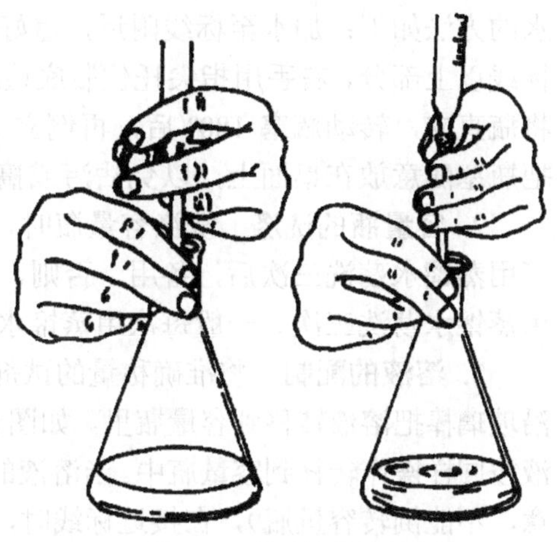

图2-7　两手操作姿势

3. 滴定　可在锥形瓶或烧杯内进行。在锥形瓶中进行时，用右手的拇指、食指和中指拿住锥形瓶，其余两指辅助在下侧，使瓶底离滴定台高约2～3cm，滴定管尖伸入瓶口内约1cm。两手操作姿势如图2-7所示。

4. 进行滴定操作时，应注意以下几点

（1）每次滴定最好都从0.00mL开始，或从接近0.00mL的任一刻度开始，这样可以减少滴定误差。

（2）滴定时，左手不能离开活塞而任溶液自流。

（3）摇动锥形瓶时，应微动腕关节，使溶液向同一方面旋转，不能前后振动，以免溶液溅出。摇瓶时，不要把瓶口碰到滴定管口上，一定要使溶液旋转出现一旋涡。因此，不能摇动太慢，影响化学反应的进行。

（4）滴定时，要观察液滴落点周围颜色的变化。不要去看滴定管上部的体积，而不顾滴定反应的进行。

（5）开始时，滴定速率可稍快，为3～4滴每秒左右。接近终点时，应改为一滴一滴加入，最后是每加半滴，摇几下锥形瓶，直至溶液出现明显的颜色变化为止。

5. 滴加半滴溶液的方法　酸式滴定管，可微微转动活塞，使溶液悬挂在出口管嘴上形成半滴，用锥形瓶内壁将其沾落，再用洗瓶以少量蒸馏水吹洗瓶壁。用碱式滴定管加半滴溶液时，应先松开拇指和食指，将悬挂的半滴溶液沾在锥形瓶内壁上，再放开无名指与小指。

6. 滴定结束后　滴定管内的溶液应弃去，不要倒回原试剂瓶中，以免沾污瓶内溶液。然后，洗净滴定管，用蒸馏水充满滴定管，垂直夹在滴定台上，下嘴口距底座1～2cm，备用。

三、容量瓶的使用

容量瓶是一种细颈梨形的平底玻璃瓶，带有磨口瓶塞。瓶颈上刻有环形标线，表示在指定温度下（一般为 20℃）液体到达标线时的体积，这种容量瓶一般是“量入”的容器。但也有两条标线的，上面一条表示量出的体积。容量瓶主要用于把准确称量的试剂配制成准确浓度的溶液，或是将准确浓度的浓溶液稀释成准确浓度的稀溶液。常用容量瓶的有 25mL、50mL、100mL、250mL、1000mL 等多种规格。

为了正确使用容量瓶，必须明确以下几点：

1. 容量瓶的检查 容量瓶使用前，必须检查瓶塞是否漏水，环形标线的位置距离瓶口是否太近。如果漏水或标线离瓶口太近（不能混匀溶液），则不宜使用。检查瓶塞是否漏水的方法如下：加水至标线附近，盖好瓶塞后，左手用食指按住瓶塞，其余手指拿住瓶颈标线以上部分，右手用指尖托住瓶底边缘，如图 2-8 所示。将容量瓶倒立 2min，如不漏水，将瓶直立，转动瓶塞 180º 后，再倒立 2min，如不漏水，方可使用。使用容量瓶时，不要把瓶塞随意放在桌面上，以免沾污或搞错。

2. 容量瓶的洗涤 洗涤容量瓶时，先用自来水冲洗几次，倒出水后内壁不挂水珠，即可用蒸馏水荡洗三次后，备用。否则，必须用铬酸洗液洗涤，再用自来水充分冲洗，最后用蒸馏水荡洗三次。一般每次用蒸馏水 15～20mL，不要浪费。

3. 溶液的配制 将准确称量的试剂放在小烧杯中，加入少量蒸馏水，搅拌使其溶解后，沿玻璃棒把溶液转移到容量瓶里，如图 2-9 所示。用蒸馏水洗涤小烧杯内壁 3 次，每次的洗液按同样操作转移到容量瓶中。当溶液的体积增加至容积的 2/3 时，应将容量瓶初步混匀（注意，不能倒转容量瓶），在接近标线时，可用滴管或洗瓶逐滴加水至弯月面最低点恰好与标线相切。盖紧瓶塞，用食指压住瓶塞，另一只手托住容量瓶底部（图 2-8）。然后，倒转容量瓶，使瓶内气泡上升到顶部，边倒转边摇动，如此反复多次，使瓶内溶液充分混匀。

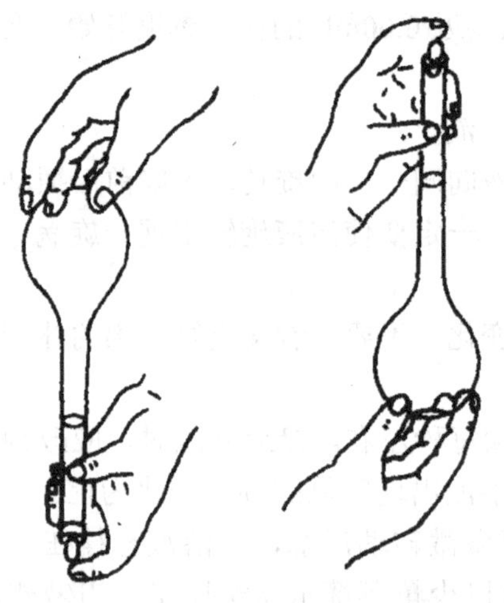

图 2-8 检查漏水和混匀溶液的操作

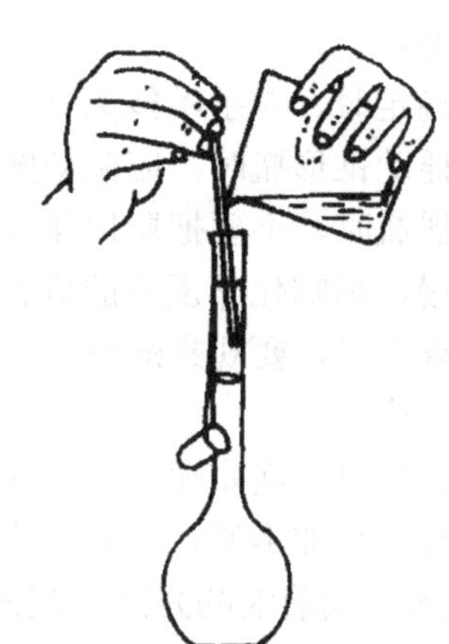
图 2-9 转移溶液的操作

容量瓶是量器而不是容器，不宜长期存放溶液。如溶液需保存一段时间，应将溶液转移到试剂瓶中储存，试剂瓶应先用该溶液涮洗三次，以保证浓度不变。

容量瓶不得在烘箱内烘烤，也不允许以任何方式加热。

四、移液管和吸量管的使用

移液管是中间有膨大部分（称为球部）的玻璃管，球部的上部和下部均为较细窄的管径，管径上刻有标线，如图 2-4 所示。在标明的温度下，使溶液的弯月面与移液管标线相切，让溶液按一定方式自由流出，则流出溶液的体积与管上标明的体积相同。移液管是用来准确移取一定体积溶液的仪器，常用的有 5mL、10mL、25mL、50mL 等规格。

吸量管是具有分刻度的玻璃管，如图 2-4 所示。吸量管一般只用于量取小体积的溶液，常用的有 1mL、2mL、5mL、10mL 等规格。有些吸量管的分刻度不是刻到管尖，而是离管尖尚差 1～2cm。吸量管的准确度不如移液管的高。

使用前，移液管和吸量管都应用蒸馏水洗至整个内壁和其下部的外壁不挂水珠，用滤纸将尖端内外的水吸去，然后用欲移取的溶液涮洗三次，以确保所移取溶液的浓度不变。

用移液管移取溶液时，用右手的大拇指和中指拿住管颈上方，将下部的尖端插入溶液中。左手拿洗耳球，先把球中空气压出，然后将球的尖端接在管口，慢慢松开左手使溶液吸入管内。当溶液的液面升高到标线以上时，移去洗耳球，立即用右手的食指按住管口，将移液管下口提出溶液，用干净滤纸片擦去管下端外部的溶液，然后略放松食指，用拇指和中指轻轻捻转管身，使液面平稳下降，直到溶液的弯月面与标线相切时，立即用食指压紧管口，使溶液不再流出。取出移液管，插入承接溶液的器皿中，管的下端靠在器皿内壁，此时移液管应垂直，承接的器皿应倾斜，松开食指，让管内溶液自然沿器壁流下，如图 2-10 所示。待液面下降到管尖后，等 15s 左右，拿出移液管。如移液管未注明“吹”字，残留在管尖部的溶液是不能吹入承接器皿中的，在检定移液管的体积时，没有把这部分体积计算进去。

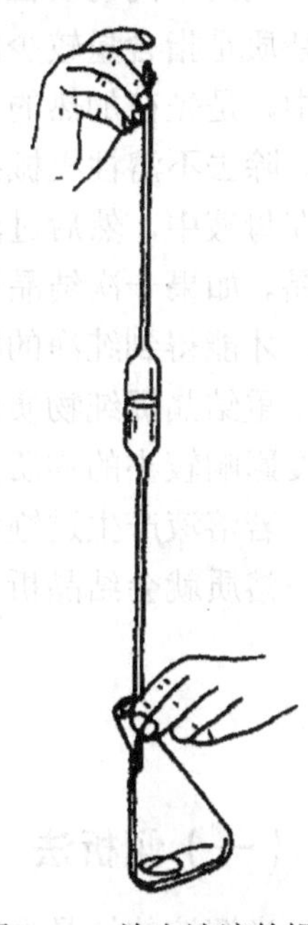

图 2-10　放出溶液的操作

用吸量管吸取溶液时，基本上与移液管的操作相同。但吸量管上常标有“吹”字，特别是 1mL 以下的吸量管尤其是如此，使用时，管尖部位的溶液必须吹出。实验中，要尽量使用同一支吸量管，以免带来误差。

移液管和吸量管用完后，应放在指定的位置。实验完毕后，将它用自来水、蒸馏水分别冲洗干净。

第六节　蒸发、结晶、固液分离及固体物质的干燥

在医学基础化学实验中，经常要进行蒸发（浓缩），结晶（重结晶），溶液与结晶（沉淀）的分离（过滤、离心分离），洗涤，干燥等一系列操作。

一、蒸　发

为了使溶质从溶液中析出，常采用加热的方法，使溶液逐渐浓缩析出晶体。蒸发通常是在蒸发皿中进行，它的表面积较大，有利于加速蒸发。加入蒸发皿中的液体的量不得超过其体积的 2/3，以防液体溅出。如果液体量较多，蒸发皿一次盛不下，可随水分的蒸发而继续添加液体。注意不要使蒸发皿骤冷，以免炸裂。根据溶质的热稳定性，可以选用酒精灯直接加热，或用水浴间接加热。若溶质的溶解度较大时，应加热到溶液出现晶膜时停

止加热；若溶质的溶解度较小，或高温时溶解度较大而室温溶解度较小时，不必蒸至液面出现晶膜就可以冷却。

二、结晶（重结晶）

利用不同物质在同一溶剂中的溶解度的差异，可以对含有杂质的化合物进行提纯。所谓杂质是指含量较少的一些物质，包括不溶性的机械杂质和可溶性的杂质两类。在实际操作中，是先在加热的情况下，使被提纯的物质溶于一定量的水中，形成饱和溶液。趁热过滤，除去不溶性机械杂质，将滤液冷却，被提纯物质从溶液中结晶析出，而可溶性杂质仍留在母液中，然后过滤使晶体和母液分离，便得到较纯净的晶体物质。这种操作过程称为结晶。如果一次结晶达不到提纯的目的，可进行第二次重结晶；有时甚至需要进行多次结晶，才能得到纯净的物质。

重结晶提纯物质的方法，只适用于那些溶解度随温度上升而增大的物质，而温度对溶解度影响较小的物质则不适用。

若溶液产生过饱和现象，可采用搅动、摩擦容器内壁或投入几粒小晶体（晶种）等方法，溶质就会结晶析出。

三、固 液 分 离

（一）倾析法

当沉淀的结晶颗粒较大或密度较大，静置后容易沉降到容器的底部时，可用倾析法将沉淀与溶液快速分离。

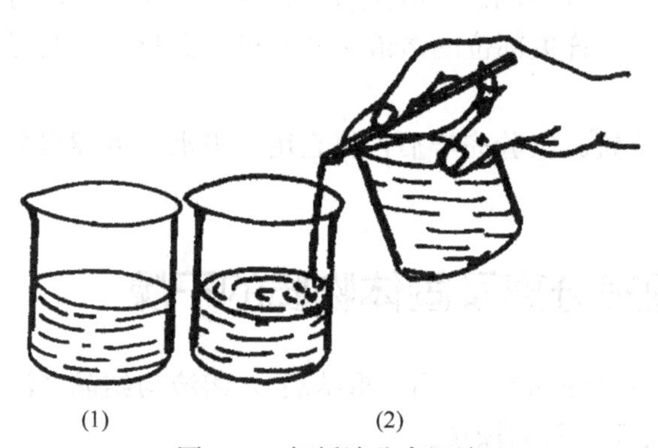

图 2-11　倾析法分离沉淀

(1) 静置沉降；(2) 沿玻璃棒倾出清液

有时为充分洗涤沉淀，也可用倾析法来洗涤沉淀。采用这种方法的优点是沉淀与洗涤液能充分混合，杂质容易洗净；沉淀留在烧杯里，倾出上层清液，速度较快。

用倾析法分离沉淀时，先将溶液静置，不要搅动沉淀，使沉淀沉降，图 2-11（1）。待沉淀完全沉降后，将沉淀上面的清液小心地用玻璃棒倾出，图 2-11（2）。沉淀留在烧杯里得以分离。

用倾析法洗涤沉淀时，先用洗瓶挤出少量蒸馏水注入盛有沉淀的烧杯内，用玻璃棒充分搅动，静置。待沉淀完全沉降后，将清液沿玻璃棒倾出，沉淀留在烧杯内，再用蒸馏水进行洗涤。这样重复 3～4 次，可将沉淀洗净。

（二）过滤法

过滤是最常用的分离方法之一。当溶液和沉淀的混合物通过过滤器（如滤纸）时，沉淀就留在过滤器上，溶液则通过过滤器而进入接收容器中。

溶液的温度、黏度，过滤时的压力，过滤器孔隙的大小及沉淀物的状态，都会影响过滤的速度。热的溶液比冷的溶液容易过滤；溶液的黏度越大，过滤越慢；减压过滤比常压过滤快。过滤器的孔隙要选择适当，太大会透过沉淀，太小易被沉淀堵塞，使过滤难于进行。沉淀若呈现胶状时，必须加热破坏，否则沉淀会透过滤纸。总之，要考虑各方面的因素来选用不同的过滤方法。

常用的三种过滤方法是常压过滤、减压过滤和热过滤，现分述如下：

1. 常压过滤　常压过滤最为简便和常用。先把滤纸折叠成四层并剪成扇形（图 2-12）（圆形滤纸不用剪），展开后呈一圆锥体，一边为三层，另一边为一层，将其放入玻璃漏斗中。滤纸放入漏斗后，其边沿应略低于漏斗的边沿。

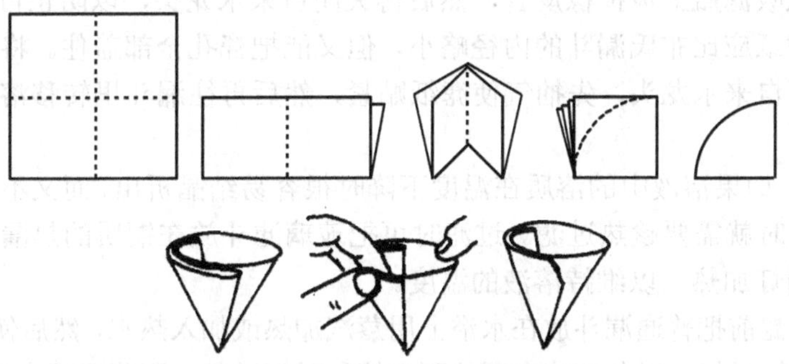

图 2-12　滤纸的折叠与剪裁

标准规格的漏斗的斗角应为 60º，滤纸可以完全贴在漏斗壁上。如漏斗规格不标准，滤纸和漏斗不能密合，这时需要重新折叠滤纸，把它折成适当的角度，使滤纸与漏斗密合。

撕去折好滤纸外层折角的一个小角，用食指把滤纸按在漏斗内壁上，用水润湿滤纸，并使它紧贴在漏斗壁上，赶去滤纸与漏斗壁之间的气泡。否则，存在气泡将减慢过滤速度。

过滤时，先将放好滤纸的漏斗安放在漏斗架上，把体积大于全部溶液体积 2 倍的清洁烧杯放在漏斗下面，并使漏斗颈末端与烧杯内壁接触。将溶液和沉淀沿玻璃棒靠近三层滤纸一边缓慢倒入漏斗中，如图 2-13 所示。这样，滤液可沿着杯壁下流，不至溅失。溶液过滤完后，用洗瓶挤出少量蒸馏水，洗涤原烧杯内壁和玻璃棒，再将此洗涤液倒入漏斗中。待洗涤液过滤完后，再用洗瓶挤出少量蒸馏水，冲洗滤纸和沉淀。

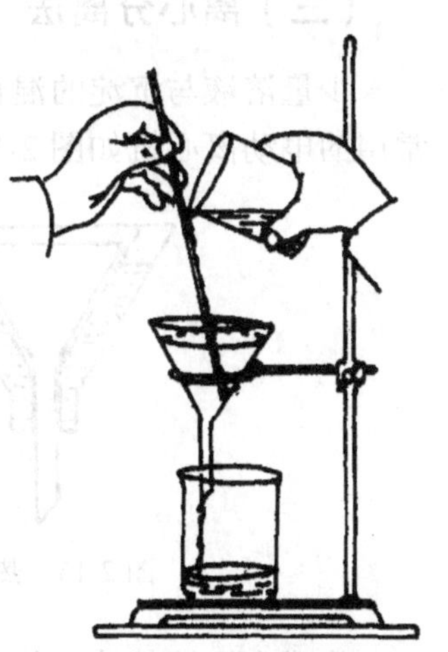

图 2-13　常压过滤

常压过滤操作应注意以下几点：

（1）漏斗必须放在漏斗架或铁架台的铁圈上，不得用手拿着。

（2）漏斗下要放清洁的接收器（通常是烧杯），而且漏斗颈末端要靠在接收器的内壁上，不得离开器壁。

（3）过滤时，必须细心地沿着玻璃棒倾泻过滤溶液，不得直接往漏斗中倒。

（4）引流的玻璃棒下端应靠近三层滤纸一边，以免滤纸破损，达不到过滤目的。

（5）每次倾入漏斗中的待过滤溶液，不能超过漏斗中滤纸高度的 2/3。

（6）过滤完毕，要用少量蒸馏水冲洗玻璃棒和盛放待过滤溶液的烧杯，最后用少量蒸馏水冲洗滤纸和沉淀。

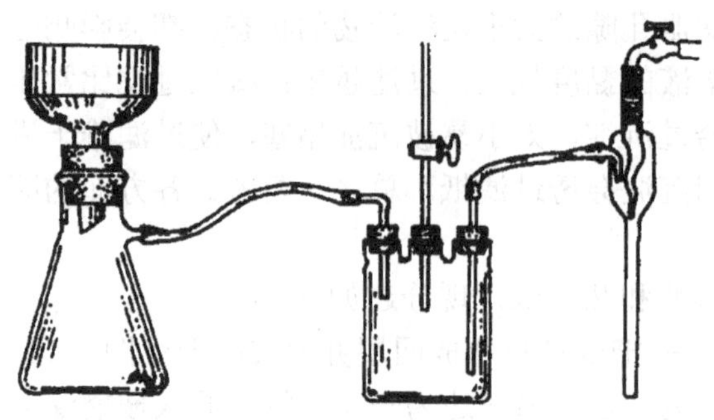

图 2-14　减压过滤装置

2. 减压过滤　减压过滤又称抽滤，其装置如图 2-14 所示。

过滤时，水泵中急速的水流不断将空气带走，从而使吸滤瓶内压力减小，在布氏漏斗内的液面与吸滤瓶内造成一个压力差，提高了过滤速度。在连接水泵的橡皮管和吸滤瓶之间安装安全瓶，用以防止关闭水阀或水泵内流速的改变引起自来水倒吸。在停止过滤时，应首先从吸滤瓶上拔掉橡皮管，然后再关闭自来水龙头，以防止自来水吸入瓶内。

抽滤用的滤纸应比布氏漏斗的内径略小，但又能把瓷孔全部盖住。将滤纸放入漏斗润湿后，慢慢打开自来水龙头，先抽气使滤纸贴紧，然后再往漏斗里转移溶液。其他操作与常压过滤相同。

3. 热过滤　如果溶液中的溶质在温度下降时很容易结晶析出，而又不希望它在过滤时留在滤纸上，这时就需要趁热过滤。过滤时可把玻璃滤斗放在铜质的热漏斗内（图 2-15），热漏斗可用酒精灯加热，以维持溶液的温度。

也可以在过滤前把普通漏斗放在水浴上用蒸汽加热或加入热水，然后使用。热过滤选用的漏斗的颈部越短越好，以免溶液在漏斗颈内停留时间过长，因降温析出晶体而堵塞漏斗。

（三）离心分离法

少量溶液与沉淀的混合物，可用离心机进行离心分离，以代替过滤，操作简单而迅速。常用的电动离心机如图 2-16。

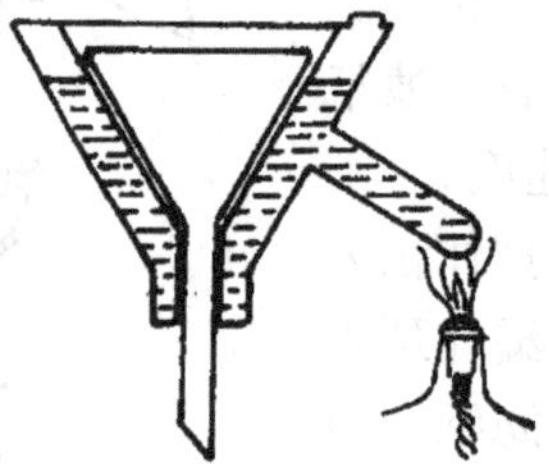

图 2-15　热过滤用漏斗

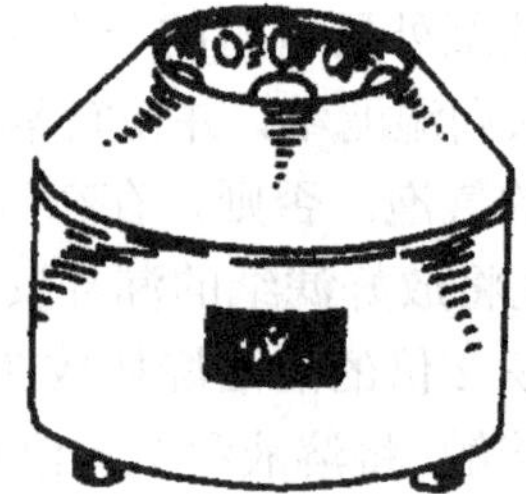

图 2-16　电动离心机

将盛有沉淀的溶液的离心试管放入离心机的试管套筒内。如果是手摇离心机，插上摇柄，然后按顺时针方向摇动，启动时要慢，逐渐加快。停止离心操作时，必须先取下摇柄，任试管套管自然停止转动。不可用手去按离心机轴，否则不仅容易损坏离心机，而且骤然停止转动会使已沉降的沉淀又翻腾起来。如果是电动离心机，接通电源后，用转速选择开关选择适宜的转速，启动离心机即可。为了防止由于两支套管中质量不均衡所引起的振动而造成离心机轴的磨损，不允许只在一支套管中放离心试管，必须在其对称位置上放入质量相当的另一支试管后，才能进行离心操作。如果只有一支试管中的沉淀需要分离，则可另取一支试管盛以相应质量的水，放入对称位置的套管中以维持均衡。

离心操作完毕后，从套管中取出离心试管，取一小滴管，先捏紧其橡皮头，然后插入试管中（插入深度以尖端不接触沉淀为限）。缓慢放松捏紧的橡皮头，吸出溶液并移至另一容器中。这样反复数次，尽量把溶液移去，留下沉淀。最后可根据实验需要，留舍溶液或沉淀。

四、固体物质的干燥

如果分离出来的沉淀的热稳定性高，需要干燥时，可把沉淀放在表面皿上，在电烘箱中烘干；也可以把它放在蒸发皿上，用水浴或酒精灯加热烘干。

有些带结晶水的晶体不能烘烤，可以用有机溶剂洗涤后晾干。有些易吸水潮解或需要长时间保持干燥的固体，应放在干燥器内。

五、干燥器的使用

干燥器是用来保持物体干燥的仪器，由厚壁玻璃制成。上面是一个磨口边的盖子，器内底部放有干燥剂，中部有一个可取出的、带有若干孔洞的圆形瓷板，供承放盛有待干燥物体的容器用。

打开干燥器时，不能把盖子往上提，而应用左手扶住干燥器，右手把盖子往水平方向移开［图 2-17（1）］。打开盖后，要把它翻过来放在桌上，不要使涂有凡士林的磨口边触及桌面。放入或取出物品后，必须将盖子盖好，此时应把盖子往水平方向推移，使盖子的磨口边与干燥器口吻合。

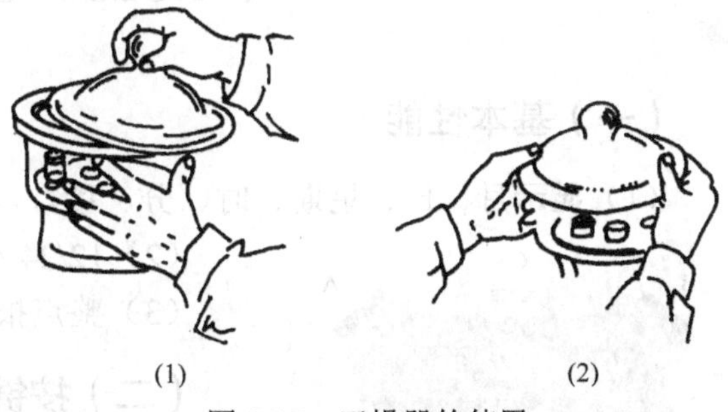

图 2-17　干燥器的使用

(1) 打开干燥器；(2) 移动干燥器

搬动干燥器时，必须用两手的大拇指将盖子按住［图 2-17（2）］，以防盖子滑落。

温度高的物体必须冷却至略高于室温时，方可放入干燥器内。否则，干燥器内的空气受热膨胀可能将盖子冲掉。即使盖子能盖好，也往往因冷却后干燥器内压力低于干燥器外的空气压力，致使盖子很难打开。当放入温热的物体时，先将盖留一缝隙，稍等几分钟后再盖严。

第七节　温度、时间的测定及试纸的使用

一、温度计的使用

水银温度计是最常用的温度计，它是液体温度计中最主要的一类。水银温度计的测温物质是水银，装在一根下端带有玻璃球的均匀毛细管中，上端抽成真空或充入某种气体。温度的变化就表现为水银体积的变化，毛细管中的水银柱将随之上升或下降。由于玻璃的膨胀系数很小，而毛细管又是均匀的，故水银的体积变化可用长度变化来表示，在毛细管上就直接标出温度值。

水银温度计的优点是构造简单，读数方便，在相当大的温度范围内水银体积随温度的

变化接近于线性关系。

水银温度计的量程范围为（0～100）℃、（0～250）℃、（0～360）℃等。刻线以 1℃为间隔的估计到 0.1℃，刻线以 0.1℃为间隔的可估计到 0.01℃。

使用水银温度计应注意下列事项：

（1）使用全浸式水银温度计时，应全部垂直浸入被测系统中。要在达到热平衡后，毛细管水银柱面不再移动时，才能读数。

（2）使用精密温度计时，读数前须轻轻敲击水银面附近的玻壁，这样可以防止水银在管壁上粘附。

（3）读数时，视线应与水银柱液面位于同一水平面上。

（4）防止骤冷骤热，以免引起温度计破裂，还要防止强光、射线直接照射水银球。

（5）水银温度计是易破碎玻璃仪器，而且毛细管中的水银有毒，绝不允许做搅棒、支柱等它用。使用温度计时要非常小心，避免与硬物相碰。如果温度计需插在塞孔内，塞孔的大小要合适，以免脱落或折断。万一温度计破损水银洒出，要立即用硫磺粉覆盖。

二、PC220 电子秒表使用

（一）基本性能

（1）显示月、日、星期、时、分、秒。

（2）12/24 小时制转换。

（3）整点报时，定时闹铃及重复闹铃功能。

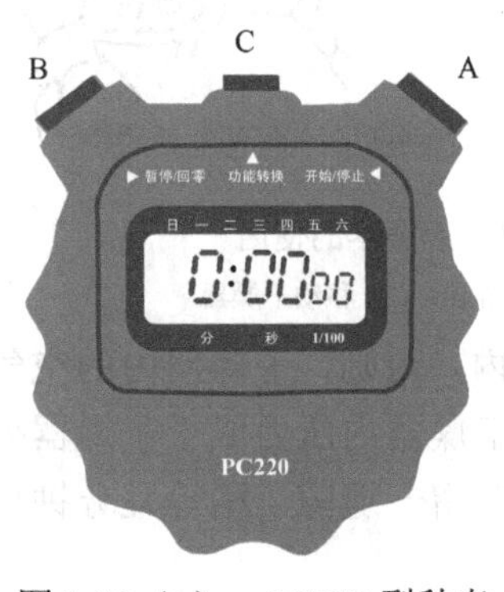

图 2-18（1） PC220 型秒表

（二）按键说明

【A 键】START/STOP：在“跑秒功能”时，用于开始或停止跑秒，在设置时间、闹铃时用于调整数值［图 2-18（1）］。

【B 键】RECALL/SET：在“跑秒功能”时，用于读取分段计时，在设置时间、闹铃是用于切换秒、分、时、日、月、星期［图 2-18（1）］。

【C 键】MODE：用于切换功能模式［图 2-18（1）］。

（三）操作说明

1. 秒表功能操作步骤 图 2-18（2）。在时钟模式下，按一下【C 键】进入秒表模式。

2. 闹铃设置操作步骤 在时间画面下，按两下【C 键】进入闹铃设置后，“小时”开始闪烁，此时，按一下【A 键】，闪烁的数值加“1”，长按【A 键】2s，闪烁的数字自动递增。“小时”设置完成后，按一下【B 键】，“min”开始闪烁，按【A 键】设置“min”数字，设置完毕后按【C 键】返回时间画面。

3. 时间设置操作步骤 在时间画面下，按三下【C 键】进入时间设置。按【A 键】调整数值，按【B 键】转换设置项。可设置的参数项为：“秒”-“分”-“时”-“日”-“月”-“星期”依次循环。在设置“小时”数字时，自动循环切换 12/24 小时制。设置完毕后，按【C 键】返回时间画面。

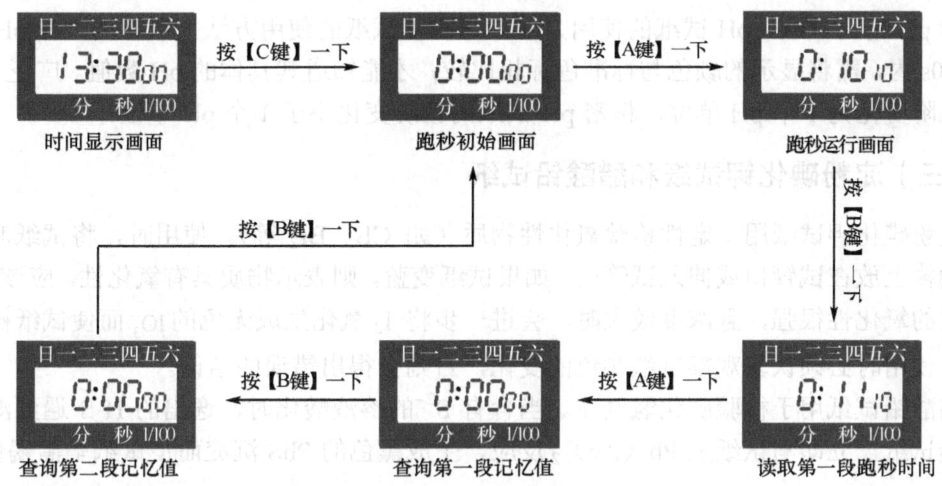

图 2-18（2）　秒表功能操作步骤

4. 附注功能操作步骤

（1）查看日期：在时间画面下，按住【A 键】，显示余额、日、星期。

（2）查看闹铃时间：在时间画面下，按住【B 键】，显示闹铃时间。

（3）在时间画面下，按住【B 键】，再按一下【A 键】，为开启或关闭闹铃功能，开启式显示闹铃符号，关闭则无闹铃符号。

（4）整点报时功能：在时间画面下，现按住【B 键】，再按一下【C 键】，为开启或关闭正电宝石，开启则显示星期指示符，关闭则无。

（5）重复闹铃功能：当闹铃开始闹响时，按一下【A 键】进入重复闹铃功能，即五分钟（5min）后重响，按【B 键】解除。

（四）使用保养

（1）避免长时间在烈日或高温下放置，以免显示变黑。

（2）切勿靠近高静电物体，如荧光屏等，以免导致秒表损坏。

（3）避免与腐蚀性液体接触，避免与硬物撞击，以免损坏。

三、试纸的使用

实验室常用的试纸有石蕊试纸、pH 试纸、淀粉碘化钾试纸和醋酸铅试纸。

（一）石蕊试纸

用石蕊试纸检查溶液的酸碱性时，可先将试纸剪成小块，放在干燥清洁的表面皿上，再用玻璃棒蘸取待测量的溶液，滴到试纸上，在 30s 内观察试纸的颜色（酸性呈红色，碱性呈蓝色）变化，确定溶液的酸碱性。不得将试纸浸入溶液中进行试验，以免沾污溶液。

检查挥发性物质的酸碱性时，可先将石蕊试纸润湿，然后悬空放在气体出口处，观察试纸的颜色变化。

（二）pH 试纸

pH 试纸是用于检验溶液和气体的酸碱性的，有 pH 广泛试纸（pH=1～14）和变化范围小的 pH 精密试纸。pH 试纸的使用方法，与石蕊试纸的使用方法大致相同。在 pH 试纸显色 30s 内，需将显示的颜色与标准色标相比较，才能知道其具体的 pH 数值。广泛 pH 试纸的色阶变化为 1 个 pH 单位，精密 pH 试纸的色阶变化小于 1 个 pH 单位。

（三）淀粉碘化钾试纸和醋酸铅试纸

淀粉碘化钾试纸用于定性检验氧化性物质（如 Cl_2、Br_2 等）。使用时，将试纸润湿沾在玻璃棒上放在试管口或伸入试管内，如果试纸变蓝，则表示物质具有氧化性。应该注意，当物质的氧化性很强，且浓度较大时，会进一步将 I_2 氧化生成无色的 IO_3^- 而使试纸褪色。因此，使用时必须认真观察试纸颜色的变化，否则会得出错误的结论。

醋酸铅试纸用于检验硫化氢气体。当含有 S^{2-} 的溶液酸化时，逸出的 H_2S 遇到湿润的醋酸铅试纸，立即与试纸上 $Pb(Ac)_2$ 反应，生成黑色的 PbS 沉淀而使试纸呈黑褐色。

第八节　定量分析常用仪器及使用方法

一、FA2004B 电子天平使用说明

FA/JA 系列电子天平采用电磁力平衡原理的精密电子天平，具有精确度高、环境适应性强的特点，可广泛应用于染织、石油、化工、医药、公路建设以及大专院校、国防部门和科研等领域，该系列天平内置 RS232C 标准输出口，可连接打印机、计算机等设备作现场质量控制用。

（一）面板键盘介绍

图 2-19、图 2-20，【开/关显示】开启或关闭显示键；【背光模式】背光模式设定键；【清零/去皮】清零（去皮）键；【积分】积分时间调整键；【稳定度】稳定度调整键；【校准】天平校准、点数功能确认；【点数】点数功能键；【单位】量制单位转换键；【打印】输出模式设定键。

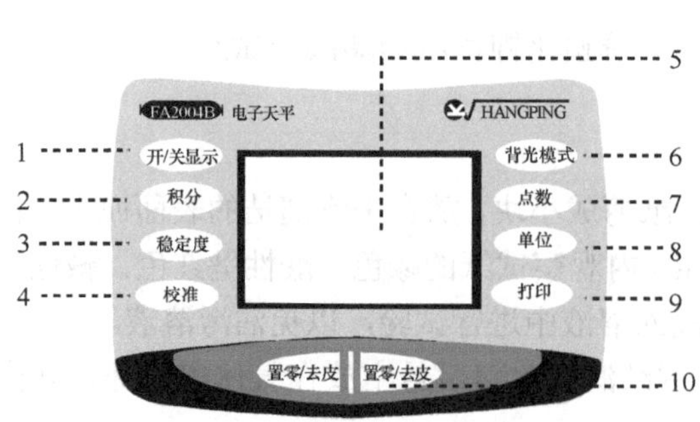

图 2-19　天平显示屏（操作面板）

1. 开/关显示；2. 积分；3. 稳定度；4. 校准；5. 液晶屏；6. 背光模式；7. 点数；8. 单位；9. 打印；10. 清零/去皮

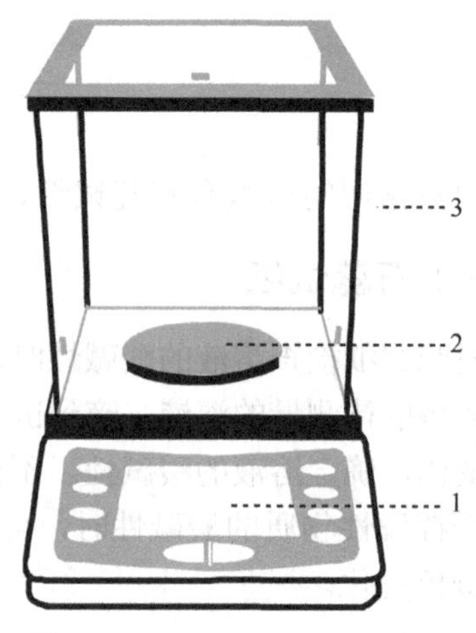

图 2-20　FA2004B 天平示意图

1. 显示屏（操作面板）；2. 称量盘；3. 箱体

（二）液晶屏介绍

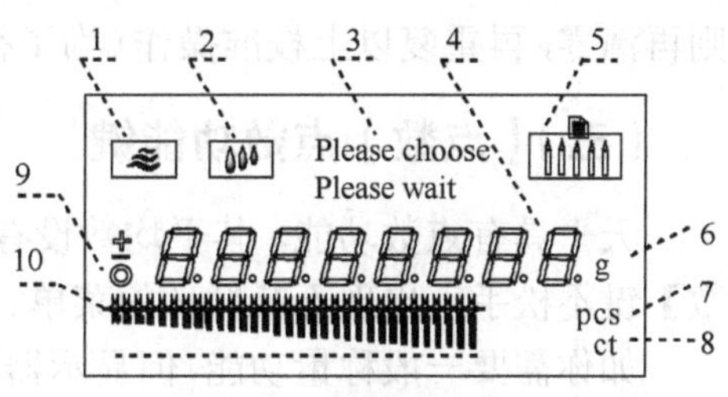

图 2-21　液晶屏示意图

1. 积分时间图标　当积分时间调整为“—INT—1”时，图 2-21 标框内仅显示下方一条波浪。

2. 稳定度调节图标　当稳定度调节为“—ASD—1”时，此图标框内仅显示左方一滴。

3. 设置　用户设置和选择菜单时显示闪烁。

4. 闪烁　需用户等待时显示闪烁（除点数功能中，按【校准】键时除外）。

5. 打印输出模式图标　当模式选择为“—ASD—1”时，此图标框内仅显示左方一支笔。

6～8. 量制单位　例如“g”代表克，“ct”代表克拉。

9. 稳定标记　当“○”熄灭时，天平的读数才是准确的，反之，不准确。

10. 称量图标　随着称量增加，砝码显示的数量成比例增加。满称量时，砝码全部显示与下方虚线等量。

（三）开机

（1）选择合适电源电压。

（2）天平接通电源，开始通电工作（显示屏还没工作），通常需要预热以后，可开启显示屏进行操作使用。为零得到精确的测量值，一级天平接通电源需三小时预热，二级天平接通电源需一小时预热，且天平在使用前（一小时以上未进行称量操作时）应进行预加载和校准操作。

（3）键盘的操作功能

【开/关显示】开启显示屏键。只要轻触一下【开/关显示】键，显示屏全亮。对显示器的功能进行检查，约两秒后，显示天平型号，然后是称量模式。

【开/关显示】关闭显示屏键。轻按【开/关显示】键，显示屏关闭（此时天平仍旧通电）。若要较长时间不再使用天平，应在关闭显示屏后，再拔去电源线。

【清零/去皮】清零（去皮）键。置容器于秤盘上，显示出容器的重量：然后轻按【清零/去皮】键，显示消隐，随即出现全零态，容器的质量显示值已去除，当拿去容器，就出现容器质量的负值。再轻按【清零/去皮】键，显示器为全零。

（四）天平校准

因存放时间较长（一小时以上）、位置移动、环境温度等变化，显示屏上的称量单位不显示，在无称量的情况下显示屏左下方显示一个砝码，或为获得精确测量，天平在使用前一半都应进行预加载和校准操作。

1. 校准天平的准备　取下秤盘上所有被测物。例如，型号为 FA2204B 的天平，置 Cou—0，INT—3，ASD—2，UNT—0 模式（天平开机的默认值）。轻按【清零/去皮】键，天平清零。

2. 校准　轻按【清零/去皮】键，当显示出现“CAL-200”闪烁码时，即松手，表示需要用 200g 的标准砝码校准。此时放上准备好的 200g 标准砝码，显示屏即出现等待状态“Please wait”，“CAL-200”停止闪烁，经数秒钟后，显示屏出现“200.0000g”，同时“Please wait”熄灭，拿去校准砝码，显示器应出现“0.0000g”，完成了一次校准。如若不为零，则再清零，再重复以上校准操作（为了得到准确的校准结果，最好反复以上校准操作一次）。

（五）【点数】点数功能键

天平具有点数功能，其平均数设有 5、10、25、50 四挡。平均数范围设置：只要按【点数】键不松手，出现不断循环的菜单。

如你需要一般称量功能，但显示器出现“Cou—00”时即松手，随即出现等待状态“Please wait”，最后出现称量状态“0.0000g”。

如需要进入计数状态，取五只的平均值，当显示为“Cou—05”时即松手，随即出现等待状态“Please wait”，待“Please wait”熄灭后，在秤盘上放入五只被称物，此时“Please wait”再现，不等“Please wait”熄灭，立即按一下【校准】键，随即又出现“——”和等待状态约数秒后，显示为“5”，拿去被称物，显示屏显示“0”，这是就可以对相同的物体进行级数操作。（注意，被称物体的质量不能大于天平的最大称量）。

若用 10、25，甚至 50 只进行平均，计数的精度就会更高。

（六）【单位】量制单位转换

只要按住不松手，显示屏就会出现“Please choose”，同时出现，不断循环的菜单。当显示器出现需要的单位，即松手，随即出现等待状态“Please wait”，随后转换到设置的单位。“0”表示单位为“克”，“1”表示单位为“米制克拉/ct”。

（七）【积分】积分时间调整

只要按住【积分】键不松手，显示屏就会出现“Please choose”，同时出现不断循环的菜单，当显示器出现需要的积分时间时，即松手，随即出现等待状态“Please wait”，随后转换到设置的积分时间。对应的积分时间长短为：—INT—0 快速，—INT—1 短，—INT—2 较短，—INT—3 较长。

（八）【稳定度】稳定度调整

只要按住【稳定度】键不松手，显示屏就会出现“Please choose”，同时出现不断循环的菜单，当显示器出现需要的积分时间时，即松手，随即出现等待状态“Please wait”，随后转换到设置的稳定度。对应的稳定度为：—ASD—0 最高，—ASD—1 高，—ASD—2 较高，—ASD—3 低。

其中—ASD—0 是生产调试模式，用户不宜使用。

现将 ASD 与 INT 二模式的配合使用情况列出，供用户参考。

最快称量速度	INT—1	ASD—3
最常使用情况	INT—3	ASD—2
环境不理想时	INT—3	ASD—3

（九）【打印】输出模式设定

只要按住【打印】键不松手，显示屏就会出现“Please choose”，同时出现不断循环的菜单，当显示器出现需要的输出模式时，即松手，随即出现等待状态“Please wait”，随后转换到设置的输出模式。

PRT—0 为非定时按键输出模式。此时只要轻按一下【打印】键，输出接口上就输出当时的称量结果一次。注意：这时应又轻又快地按此键，否则会出现下一个模式。

PRT—1 为定时 30s 输出一次。

PRT—2 为定时 1min 输出一次。

PRT—3 为定时 2min 输出一次。

PRT—4 为连续不断输出。

（十）【背光模式】设定

天平的显示背光有四档控制方式供用户选择。只要按住【背光模式】键不松手，显示屏就会出现“Please choose”，同时出现不断循环的菜单，当显示器出现需要的背光模式时，即松手，随即出现等待状态“Please wait”，随后转换到设置的背光模式。

对应的背光方式为：

Lit—0：背光一直处于关闭状态。

Lit—1：当天平无人操作时，1min 之后背光自动关闭，当再次要操作天平时，轻按面板上的任何键（【开/关显示】键除外），或者直接将被称量物物品放在秤盘上，背光将会自动开启。

Lit—2：当天平无人操作时 5min 之后背光自动关闭，当再次要操作天平时，轻按面板的任何键（【开/关显示】键除外），或者直接将被称量物物品放在秤盘上，背光将会自动开启。

Lit—3：背光一直处于开启状态，天平开启之后默认的状态。

（十一）称量、去皮、加物、读取偏差等操作

1. 称量　以上各模式待用户选定后（本天平开机时默认模式是：“INT—3，ASD—2，PRT—4”），按【清零/去皮】键，显示为零后，置称量物于秤盘上，待天平稳定（显示器左边的“0”和等待标识熄灭后，天平的显示值熄灭后），天平的显示值即为被称物体的质量值。

2. 去皮重　置容器于秤盘上，天平显示容器质量，按【清零/去皮】键，显示零，即去皮重。再置被称物于容器中，这时显示的是被称物的净重。

3. 累计称重　用去皮重称量法将被称物逐个置于秤盘上，并相应逐一去皮清零，最后移去所有被称物，此时显示的数的绝对值为被称物的总质量。

4. 加物　置“INT—0，ASD—0”模式，置容器于秤盘上，去皮重。将被称物（液体或松散物）逐个加入容器中，能快速得到连续数值。当被测物达到所需称量，显示器最左边的“0”和等待标志“Please wait”熄灭后，这是显示的数值即为用户所需的称量值。当加入混合物时，可用去皮重法，对每种被称物计净质量。

5. 读取偏差　置基准砝码（或样品）于秤盘上，去皮重，然后取下基准砝码，显示其负值。再置被称物于秤盘上，视被测物比基准砝码重或轻，相应显示正或负偏差值。

6. 下称　拧松底部小圆盖的螺丝，露出挂钩。将天平置于开孔的工作台上，调正水平，并对天平进行校准工作，就可以用挂钩挂物称量了。

（十二）天平的保养

天平必须小心使用。秤盘与外壳需要经常用软布和牙膏轻轻擦洗。切不可用强溶解剂擦洗。

每台天平箱内应放置变色硅胶等干燥剂，保持天平箱内的干燥，否则会引起称量误差。天平箱内的干燥剂应定期更换。

天平室内应保持整洁和安静。

（十三）称量方法

1. 减量法　减量法常用的称量器皿是称量瓶。称量瓶是带有磨口瓶塞的小玻璃瓶，将试样或基准物装入瓶内，可以直接放在天平盘上称量。由于带有磨口塞，可以防止瓶中的试样吸收空气中的水分和二氧化碳等，因此适于称量易吸潮的试样。

使用称量瓶时，不能直接用手拿，应该用洁净的纸条将其套住，再用手捏住纸条，以防手的温度高或沾有汗污等影响称量的准确度。称量方法如下：

（1）将称量瓶放入天平盘中，准确称量称量瓶加试样的质量，记为 m_1。

（2）取下称量瓶，放在容器上方，将称量瓶倾斜，用称量瓶盖轻敲瓶口上部（图 2-22），使试样慢慢地落入容器中。当倾出的试样已接近所需质量时，慢慢将称量瓶竖起，再用瓶盖轻敲瓶口上部，使粘在瓶口的试样落在容器中，然后盖好瓶盖（上述操作应在容器上方进行，防止试样丢失），将称量瓶再放回天平盘上，称得的质量记为 m_2。如此继续进行，可称取多份试样。

第一份试样的质量 $= m_1 - m_2$

第二份试样的质量 $= m_2 - m_3$

……

应该注意的是，如果一次倾出的试样不足所需的质量范围时，可按上述的操作继续倾出，但如超出所需的质量范围，不得将倾出的试样再倒回称量瓶中，只能弃去倾出的试样，洗净容器，重新称量。

2. 固定质量法　此法常以表面皿或称量纸为称量器皿，称量方法如下：

（1）先准确称出称量器皿的质量。

（2）在右边天平盘上加相当于试样质量的砝码（单盘天平应减去相应质量的砝码），在左盘的称量器皿中加入略少于欲称量质量的试样，然后轻轻振动牛角勺逐渐往称量器皿中增加试样（图 2-23），使天平平衡。

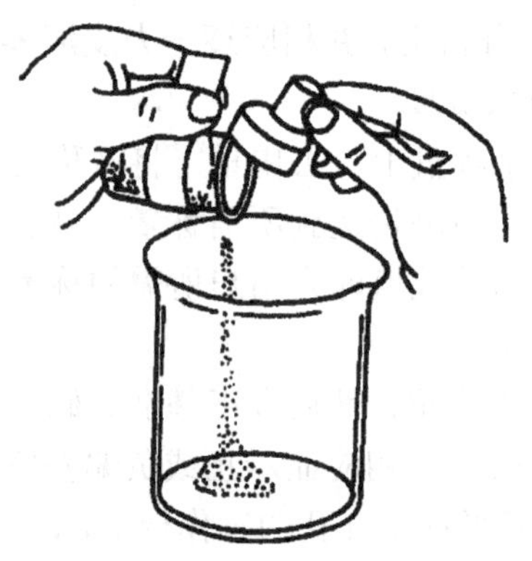

图 2-22　试样敲击的方法图

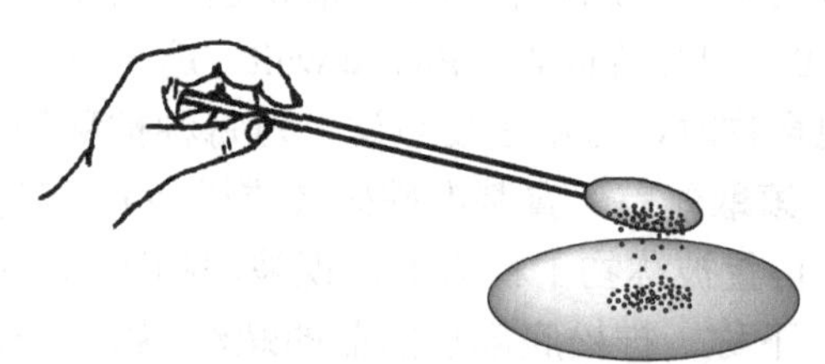

图 2-23　固定称量姿势

这种称样方法要求试样性质稳定，操作者要技术熟练，尽量减少增减试样的次数，才能保证称量准确快速。称量完毕，须将所称取的试样完全转移到实验容器中。

称量数据应及时记在记录本上，不能记在零星纸片或其他地方。记录数据要求实事求是、一丝不苟，不能任意涂改。

二、酸　度　计

（一）E-201F 型 pH 复合电极

示意图见图 2-24，使用步骤如下：

（1）检查电极测量端是否浸没在 3.0mol · L^{-1} KCl 溶液内（电极测量端应该浸没在 3.0mol · L^{-1} KCl 溶液内 24 小时以上）。

（2）将电极保护帽旋开，检查电极测量端球泡是否充满溶液，如果有气泡，向下空甩数次，使球泡内充满溶液。

（3）链接电极导线与测量仪器。

（4）将电极测量端清洗干净（自来水冲洗；蒸馏水润洗），吸干残留的蒸馏水，将电极加液口开启，用标准缓冲溶液进行校正。

（5）清洗电极球泡测量端后，放入待测试液内，开始测量。

（6）测量完毕，清洗电极球泡测量端，吸干残留的蒸馏水，塞好电极加液口。

（7）电极保护帽内注入 3.0mol · L^{-1} KCl 溶液，将电极插入电极保护帽，使测量端完全浸没于 KCl 溶液中。

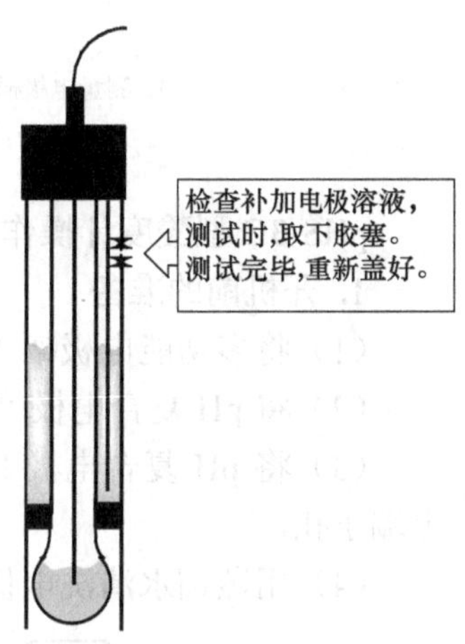

图 2-24　复合电极示意图

（二）注意事项

（1）产品外壳为聚碳酸酯，不适用于某些有机试剂。

（2）配制电极外参比溶液：电极附带的塑料瓶内注入去离子水至 20mL 刻度处，或称取 55.9g 分析纯 KCl，溶于 250mL 去离子水中。

（3）不建议使用本产品测量低电导率、具有污染性或废水样品。

（4）KCl 溶液盐析时，会附着于电极表面形成白色结晶，不影响人体及产品的使用。

（5）电极经长期的使用，如发现斜率略有减低，则可把电极球泡浸泡在 4% HF（氢氟酸）中 3～5s，用蒸馏水洗净后在氯化钾溶液中浸泡使之复新。

（6）电极在测量过程中反应迟钝及漂移不定的情况下应调换电极。

（7）被测溶液中如含有易污染敏感球泡或堵塞液接界的物质，使电极钝化和梯度下降，或读数不准，应根据污染物质的性质，选用适当的溶液清洗，使之复新（电极有效期为一年）。

（8）应避免电极长期浸泡在蒸馏水、含蛋白质的溶液和酸性氟化物溶液中。

（三）pHS-3C 型酸度计的使用

pHS-3C 型酸度计的外观、背面及操作面板如图 2-25 所示。

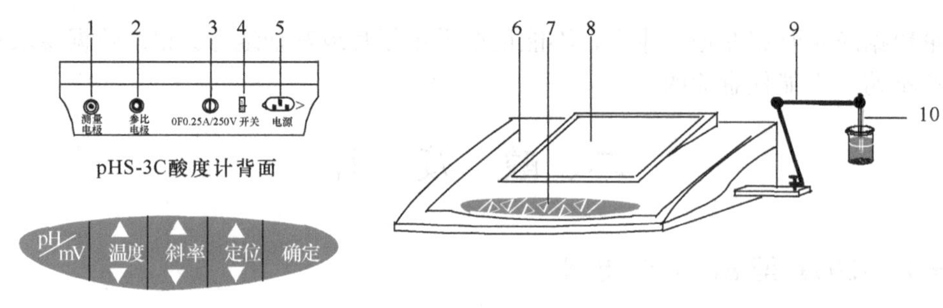

图 2-25 pHS-3C 酸度计示意图

1. 测量电极插座；2. 参比电极接口；3. 保险丝；4. 电源开关；5. 电源插座；
6. 机身；7. 操作面板；8. 显示屏；9. 多功能电极架；10. 复合电极

pHS-3C 型酸度计操作步骤如下。

1. 开机前的准备

（1）将多功能电极架“9”插入多功能电极架插座中，并固定好。

（2）将 pH 复合电极“10”安装在电极架上。

（3）将 pH 复合电极下端的电极保护套拔下，并且拉下电极上端的橡皮套，使其露出上端小孔。

（4）用蒸馏水清洗电极。

2. 仪器操作流程

连接电源线，并打开仪器开关，仪器首先显示“pHS-3C”字样，稍等，会显示上次标定后的斜率以及 E_0 值，然后进入测量状态，显示当前的电位值或者 pH。此时，在显示屏上方显示的是电位值或 pH，下方显示的是当前的温度值。在测量状态下，按“pH/mV”键可以切换显示电位以及 pH；按“温度”键设置当前的温度值；按“定位”或“斜率”键标定电极斜率，简要的操作流程如图 2-26 所示。

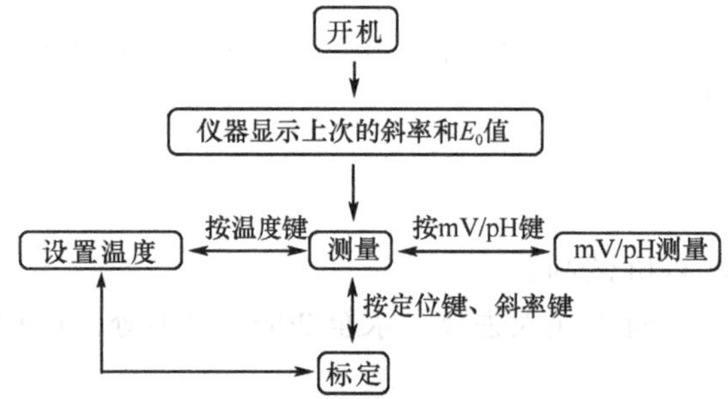

图 2-26 pHS-3C 实验室 pH 操作流程图

3. 标定步骤

（1）清洗电极，将电极插入标准缓冲溶液 1 中；

（2）用温度计测出被测溶液的温度，按“温度”键，使温度显示为被测溶液的温度；

（3）待读数稳定后，按“定位”键，仪器显示“Std YES”字样，按“确认”键，进入标定状态，仪器自动识别并显示当前温度下的标准 pH；

（4）按“确认”键，完成一点标定（斜率为 100%）；

（5）如果需要二点标定，则继续进行下面操作；

（6）再次清洗电极，将电极插入标准缓冲溶液 2 中；

（7）用温度计测出被测溶液的温度，按“温度”键，使温度显示为被测溶液的温度；

（8）待读数稳定后，按“斜率”键，仪器显示“Std YES”字样，按“确认”键，进入标定状态，仪器自动识别并显示当前温度下的标准 pH；

（9）按“确认”键完成二点标定。

注：为了保护和更好地使用仪器，每次开机前，请检查仪器后面的电极插口，必须保证它们连接有测量电极或者短路插，否则有可能损坏仪器的高阻器件；仪器不使用时，短路插头也要接上，以免仪器输入开路而损坏仪器；为了保证仪器的测量精度，应开机预热30min后使用。

4. 设置温度　用温度计测出被测溶液的温度，然后按“温度Δ”或“温度∇”键，使温度显示为被测溶液的温度，按“确认”键，即完成当前温度的设置，按“pH/mV”键放弃设置，返回测量状态。

5. 标定　仪器使用前首先要标定。一般情况下仪器在连续使用时，每天要标定一次。

本仪器具有自动识别标准缓冲溶液的能力可以识别pH 4.00、pH 6.86、pH 9.18三种标准缓冲溶液，因此，对于pH 4.00、pH 6.86、pH 9.18三种标准缓冲溶液，按“定位”键或者“斜率”键后，不必再调节数据，直接按“确认”键即可完成标定。

用“定位”进行一点标定，用“斜率”进行二点标定。

对于其他的非常规标准溶液，仪器也允许标定使用。如果需要标定，则只需在标定状态下调节显示的pH数据至该温度下标准溶液的pH，然后按“确认”键即可。

注：使用自己配置的标准缓冲溶液（非常规标准缓冲溶液）标定电极时，必须实现知道此缓冲溶液在标定温度区的标准pH；在每次测量以前，建议对电极进行重新进行标定，一旦标定后，上次的标定数据将会被覆盖；进行一点标定即定位操作后，仪器会自动删除上一次的标定数据，一点标定后，斜率默认设置为100%。

（1）一点标定：一点标定即一点定位法，使用一种标准缓冲溶液定位E_0，斜率设为默认的100%，这种方法比较简单，用于要求不太精确的情况下的测量。

注：进行一点标定即定位操作后，仪器会自动删除上一次的标定数据，一点标定后，斜率默认设置为100%。

1）在仪器的测量状态下，把用蒸馏水清洗过的电极插入某种标准缓冲溶液中（如pH=6.86的标准缓冲溶液中）；

2）用温度计测出被测溶液的温度值，按前面设置温度的方法设置温度值；

3）稍后，待读数稳定后，按“定位”键，仪器会提示是否进行标定，显示“Std YES”字样如果需要进行标定，则按“确认”键，仪器自动进入一点标定状态，否则，按任意键退出标定，仪器返回测量状态。

进入标定状态后，仪器会自动识别当前标准缓冲溶液并显示当前温度下的标准pH，按“确认”键，仪器存储当前的标定结果，并显示斜率和E_0值，返回测量状态；如果放弃标定，可按“pH/mV”键，仪器退出标定状态，返回当前测量状态。

4）如果使用的是其他非常规标准缓冲溶液，则首先需要按“定位Δ”或“定位∇”键调节显示值，使pH显示为该温度下标准缓冲溶液的pH，然后按“确认”键，完成标定。

（2）二点标定：通常情况下使用二点标定法标定电极的斜率。

1）准备二种缓冲溶液，如pH 4.00和pH 9.18二种标准缓冲溶液；

2）按照前面的叙述进行一点标定：即在仪器的测量状态下，把用蒸馏水清洗过的电极插入标准缓冲溶液1中（如pH 4.00的标准缓冲溶液中）；用温度计测出溶液的温度值（如25℃），按照前面设置温度的方法设置温度值；稍后，待读数稳定，按“定位”键，再按

“确认”键进入一点定位状态，仪器识别当前标准缓冲溶液并显示当前温度下的标准 pH 4.00；然后按“确认”键完成标定，仪器返回测量状态。

3）同理，再次清洗电极并插入标准溶液 2 中（pH 9.18 的标准缓冲溶液中）；用温度计测出溶液的温度值（如 25.2℃），并设置温度值；稍后，待读数稳定后，按“斜率”键，再确认，仪器自动识别当前标液并显示当前温度下的标准 pH（如 pH 9.18）。

4）然后按“确认”键完成标定仪器存储当前的标定结果，并显示斜率和 E_0 值，然后返回测量状态。

5）如果使用的是其他标准缓冲溶液，则首先需要按“定位Δ”或“定位∇”键调节显示值，使 pH 显示为该温度下标准缓冲溶液的 pH，然后按“确认”键，完成标定。

（3）电极斜率的复位：由于某些原因，如意外断电等原因导致当前的电极斜率不正确（开机时会显示上次标定的电极斜率值），有两种方法可以帮助恢复。

1）按照前面的方法重新标定电极；

2）按住任意键再次开机，或者在测量状态下，按住“确认键”3s 以上，仪器显示“SYS rSt”字样表示系统复位（system reset），此时须放开“确认”键，稍等，仪器开始闪烁显示，此时如果按“确认”键，仪器将复位电极标定数据，并设为默认的 pH 4.00 和 pH 9.18 二点标定（斜率为 100%，E_0 为 0mV），然后回到测量状态；按其他键可以放弃复位操作。

6. 测量 pH 经标定过的仪器即可用来测定待测溶液，待测溶液与标定溶液温度相同与否，所采用的测定步骤也不相同。具体操作步骤如下。

（1）待测溶液温度与定位溶液温度相同时，测定步骤如下：

1）用蒸馏水清洗电极，再用被测溶液清洗一次；

2）把电极浸入被测溶液中，用玻璃棒搅拌溶液，稳定后，在显示屏上读出溶液的 pH。

（2）待测溶液温度与定位溶液温度不相同时，测定步骤如下：

1）用蒸馏水清洗电极，再用被测溶液清洗一次；

2）用温度计测出被测溶液的温度值；

3）按“温度”键，使仪器显示为被测溶液温度值，然后按“确认”键；

4）把电极插入被测溶液内，用玻璃棒搅拌溶液，稳定后，在显示屏上读出溶液的 pH。

7. 测量电极电势（mV 值）

（1）把离子选择性电极（或金属电极）和参比电极夹在电极架上；

（2）用蒸馏水清洗电极，再用待测液清洗一次；

（3）把离子选择性电极的插头插入测量电极插座；

（4）把参比电极接入仪器后部的参比电极接口；

（5）把两个电极插在被测溶液中，将溶液搅拌均匀后，即可在显示屏上读出离子选择性电极的电极电势（mV 值），还可自动显示“+”、“−”极；

（6）如果被测信号超出仪器的测量范围，仪器将显示“Err”字样；

（7）使用金属电极测量电极电势时，用带夹子的 Q9 插头，Q9 插头接入测量电极插座，夹子与金属电极导线相接；或用电极转换器，电极转换器的一端接测量电极插座，金属电极与转换器接续器相连接。参比电极接入参比电极接口。

8. 仪器维护

（1）仪器的输入端（测量电极插座）必须保持干燥清洁。仪器不用时，将 Q9 短路插头插入插座，防止灰尘及水汽浸入；

（2）电极转换器专为配用其他电极时使用，平时注意防潮、防尘；

（3）测量时，电极的引入导线应保持静止，否则会引起测量不稳定；

（4）仪器所使用的电源应有良好的接地；

（5）仪器采用了 MOS 集成电路，因此，在检修时应保证电烙铁有良好的接地；

9. 电极使用、维护的注意事项

（1）电极在测量前必须用已知 pH 的缓冲溶液进行定位校准，其 pH 越接近被测溶液 pH 越好；

（2）取下电极护套后，应避免电极的敏感玻璃泡与硬物接触，因为任何破损或刮痕都使电极失效；

（3）测量结束，及时将电极保护套套上，电极套内应放少量外参比补充液，以保持电极球泡的湿润，切忌浸泡在蒸馏水中；

（4）复合电极的外参比补充液为 $3mol \cdot L^{-1}$ 的 KCl 溶液，补充液可以从电极上端小孔加入，复合电极不使用时，拉上橡皮套，防止补充液干涸；

（5）电极的引出线必须保持清洁干燥，防止两个输出端短路，否则将导致测量失准或失效；

（6）电极应与输入阻抗较高（$R \geqslant 10^{12}\Omega$）的 pH 计配套，以使其保持良好的性能。

（7）电极应避免长期浸泡在蒸馏水、蛋白质溶液和酸性氟化物溶液中；

（8）电极应避免与有机硅油接触；

（9）电极经长期使用后，如发现斜率略有降低，则可把电极下端浸泡在 4% HF（氢氟酸）中 3～5s，然后用蒸馏水洗净，放在 $0.1mol \cdot L^{-1}$ 的盐酸溶液中浸泡，使之复新。

（10）被测溶液中如含有易污染敏感玻璃球泡或堵塞液体接界的物质而使电极钝化，会出现斜率降低，显示读数不准现象。如发生该现象，则应根据污染物质的性质，用适当溶液清洗，使电极复新。

三、UNICO7200 型分光光度计操作方法

（一）仪器外部部件功能

UNICO 7200 型分光光度计（图 2-27）是一款数字式带计算机接口的可见光分光光度计，该仪器波长范围宽，测试精度高，稳定性好。

1. 液晶显示器　用于显示测量信息，参数及数据。

2. 样品室　用于放置被测样品。

3. 显示器　LED 显示透射比，吸光度和浓度参数。显示器右边四个 LED 圆点分别指示当前的测试方式。

4. 键盘　共有 4 个触摸式按键，用于控制和操作仪器。其基本功能如下。

（1）测试方式选择键【MODE】可选择您想要的测试方式。

（2）0*ABS*/100.0%*T* 设置键可自动调整 0 吸光度和 100%透射比。

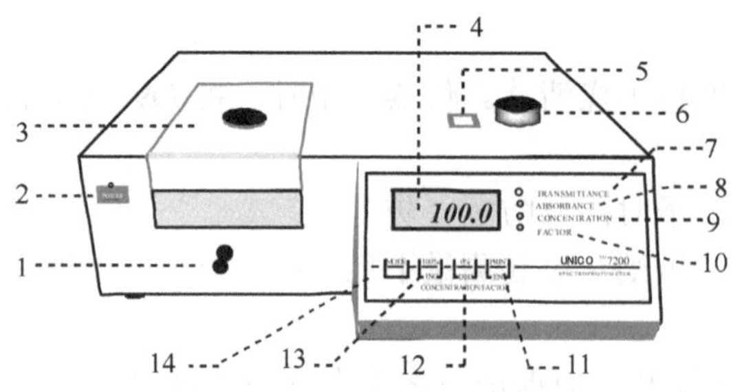

图 2-27 7200 型分光光度计

1. 样品室拉杆；2. 电源指示灯；3. 样品室盖；4. 液晶显示器；5. 波长显示窗口；6. 波长调节旋钮；7. 透光率（*T*）；8. 吸光度（*A*）；9. 浓度（*C*）；10. 斜率因子（*F*）；11. 打印输出；12. 调 0%（*T*）；13. 调 100%（*T*）；14. 模式选择

（3）%*T* 设置键：将%*T* 校具（黑体）置入光路后，按此键可自动调整%*T*。

（4）参数输出打印键（PRINT/Ent）：可将测试参数通过打印口（并行口）输出到打印机，同时也是设置浓度和浓度因子确认键。

（5）浓度参数设置键（CONC/ FACTOR）：可设置已知标准样品的浓度值或设置已知的标准样品浓度的斜率。

（6）波长选择旋钮：可设置所需的分析波长。波长显示窗在旋钮的左侧。

5. 电源开关 控制仪器电源开或关。当打开仪器电源时，仪器前面左上角的电源开关于荫灯会自动点亮，说明仪器电源工作正常。

6. RS-232 串行口可连接个人计算机，主要参数：波特率（band rate）=9600，数据位（data bit）=8，停止位（stop bit）=1，奇偶校验位（parity）=无。

7. 打印输出 标准并行口，可接支持 MS-DOS 的打印机。仪器在开机时会检测打印机，所以在开机前，必须连接好打印机，并开启打印机电源。否则，打印将不能正常进行。

8. 样品室 样品室配置四槽位 1cm 吸收池架，并可根据需要选配 5cm 和 10cm 的吸收池架。

（二）仪器基本操作

各种测量方式，都必须遵循以下基本操作步骤。

（1）连接仪器电源线，确保仪器供电电源有良好的接地性能。

（2）接通电源，使仪器预热 20min（不包括仪器自检时间）。仪器接通电源后，即进入自检状态，首先显示“UNICO”，数秒后显示为 0.×××（*A*）或–0. ×××（*A*），即自检完毕。

（3）用【MODE】键设置测试方式：透射比（*T*），吸光度（*A*），已知标准样品浓度值方式（*C*）和已知标准样品斜率（*F*）方式。

（4）用波长选择旋钮设置测试所需的波长。

（5）将参比样品溶液和被测样品溶液分别倒入比色皿中，打开样品室盖，将盛有溶液的比色皿分别插入比色皿槽中，盖上样品室盖。一般情况下，参比样品放在第一个槽位中。

仪器所附的比色皿，其透射比是经过配对测试的，未经配对处理的比色皿将影响样品的测试精度。比色皿透光部分表面不能有指印、溶液痕迹，被测溶液中不应有气泡，悬浮物，否则也将影响样品测试的精度。

（6）将%*T* 校具（黑体）置入光路中，在 *T* 方式下按“%*T*”键，此时显示器显示“000.0”。

（7）将参比样品推（拉）入光路中，按“0*A*/100%*T*”键调 0*A*/100%*T*，此时显示器显示的“BLA”直至显示“100.0”%*T* 或“0.000”*A* 为止。

（8）当仪器显示器显示出“100.0”%*T* 或“0.000”*A* 后，将被测样品推（拉）入光路，这时，便可从显示器上得到被测样品的透射比或吸光度值。

（三）样品浓度的测量方法

1. 已知标准样品浓度值的测量方法

（1）用【MODE】键将测试方式设置至 *A*（吸光度）状态。

（2）用波长设置样品的分析波长，根据分析规程，每当分析波长改变时，必须重新调整 0*A*/100%和 0%*T*。

（3）将参比样品溶液，标准样品溶液和被测样品分别倒入比色皿中，打开样品室盖，将盛有溶液的比色皿插入比色皿槽中，盖上样品室盖。一般情况下，参比样品放在第一个槽位中。仪器所附的比色皿，其透射比是经过配对测试的，未经配对处理的比色皿将影响样品的测试精度。比色皿透光部分表面不能有指印、溶液痕迹，被测溶液中不应有气泡、悬浮物，否则也将影响样品测试的精度。

（4）将参比样品推（拉）入光路中，按“0*A*/100%*T*”键调 0*A*/100%*T*，此时显示器显示的“BLA”直至显示“0.000”*A* 为止。

（5）用【MODE】键将测试方式设置至 *C* 状态。

（6）将标准样品推（或拉）入光路中。

（7）按【INC】或【DEC】键将已知的标准样品浓度值输入仪器，当显示器显示样品浓度值时，按【ENT】键。浓度值只能输入整数值，设定范围为 0～1999。

（8）将被测样品依次推（拉）入光路，这时，便可从显示数据上分别得到被测样品的浓度值。

2. 已知标准样品浓度斜率（*K* 值）的测量方法

（1）用【MODE】键将测试方式设置至 *A*（吸光度）状态。

（2）用波长旋钮设置样品的分析波长，根据分析规程，每当分析波长改变时，必须重新调整 0*A*/100%*T* 和 0%*T*。

（3）将参比样品溶液和被测样品分别倒入比色皿中，打开样品室盖，将盛有溶液的比色皿插入比色皿槽中，盖上样品室盖。一般情况下，参比样品放在第一个槽位中。

（4）将参比样品推（拉）入光路中，按“0*A*/100%*T*”键调 0*A*/100%*T*，此时显示器显示的“BLA”，直至显示“0.000”*A* 为止。

（5）用【MODE】键将测试方式设置至 *F* 状态。

（6）按【INC】或【DEC】键输入已知的标准样品斜率值，当显示器显示标准样品斜率时，按【ENT】键。这时，测试方式指示灯自动指向“*C*”，斜率只能输入整数。

（7）将被测样品依次推（或拉）入光路，这时，您便可从显示器上分别得到被测样品的浓度值。

（四）使用注意事项

（1）仪器应放置在室温在 5～35℃，相对湿度不大于 85%的环境中工作。

（2）放置仪器的工作台应平坦，牢固，不应有振动或其他影响仪器正常工作的现象。

（3）强烈电磁场，静电及其他电磁干扰，都可能影响仪器正常工作，放置仪器时应尽可能远离干扰源。

（4）仪器放置应避开有化学腐蚀气体的地方，如硫化氢、二氧化硫，氨气等。

（5）仪器应避免阳光直射。

（6）仪器使用在额定电压的±10%范围内，频率变化在±1Hz 范围内，并要有良好的接地。

（7）维护

1）每次使用后应检查样品室是否积存有溢出溶液，经常擦拭样品室，以防废液对部件或光路系统的腐蚀。

2）仪器使用完毕应盖好防尘罩，可在样品室及光源室内放置硅胶袋防潮，但开机时一定要取出。

3）仪器液晶显示器和键盘日常使用和保存时应注意防划伤、防水、防尘、防腐蚀。

4）长期不用仪器时，尤其要注意环境的温度、湿度，定期更换硅胶。

下篇　基础化学实验部分

第三章　基本操作

实验一　分析天平称量练习

【目的】

（1）掌握分析天平的使用规则和正确操作方法。

（2）学会用差减法称量试样。

（3）熟悉称量瓶和干燥器的使用。

【原理】

分析天平的结构、原理和使用方法参见本书第一部分基础化学实验基本知识，第二章中分析天平使用的有关内容。

物体的称量有多种方法，常用的有直接称量法、固定质量称量法和差减称量法。

直接称量法用于在空气中性质稳定、不吸潮的试样如金属、矿石等的称量。首先将容器或硫酸纸置于天平左盘的中央称量，然后将试样放到容器或硫酸纸上，称量容器和试样的总质量。差减称量法用于称取吸潮或挥发性的试样。称量步骤是先称量容器（通常是称量瓶）和试样物质的总质量，取出部分样品后再称量剩余质量，两者之差即为取出样品的质量。本实验分别练习用直接称量法称取表面皿、用差减称量法称取固体碳酸钠。

【仪器材料与试剂】

仪器：分析天平（FA2004B 型），电子台秤，小烧杯，表面皿，称量瓶。

试剂：Na_2CO_3（s）。

【实验步骤】

1. 称量前检查　取下天平防尘罩，观察水平仪检查天平是否处于水平状态，若天平处于非水平状态，需调整天平底脚使水泡回至水平仪中心。检查称盘是否清洁，待称物温度是否与室温相同等。

2. 开机预热 20min 后轻按【开/关】显示键打开显示屏，显示屏图标稳定后可以开始称量。

参阅第二章分析天平的构造和使用方法。

3. 试样的称量

（1）直接称量法练习：用小纸片垫着从干燥器中拿取一块洁净、干净的表面皿，打开天平门，将表面皿轻放在分析天平称盘的中央位置，关闭天平门，显示屏上显示表面皿的质量数值”等质量数值前面的稳定标记符号“o”消失时，显示数值达到准确。记录读数，该读数为表面皿的准确质量。轻轻取出表面皿，关闭天平门，把表面皿放回原来的干燥器。

（2）减量法称量练习：称量 0.6～0.8g Na_2CO_3：

用称量瓶夹（或纸条）从干燥器中夹取一干燥、洁净的空称量瓶，在电子台秤（0.1g 精确度）上粗称其质量。打开称量瓶瓶盖，用药匙往称量瓶中振加 Na_2CO_3 固体 2～3g，再次称量加入 Na_2CO_3 固体后称量瓶的质量，记录数据。

将粗称后的称量瓶（内装有 Na_2CO_3 固体）放在分析天平的秤盘上，等显示屏显示的数值前面的稳定标记符号“o”消失时，显示数值达到准确。记录读数为 m_1。

用称量瓶夹或纸条取出称量瓶，右手打开瓶盖，在接收器（如 50mL 小烧杯）上方用瓶盖轻敲瓶口上缘，使 Na_2CO_3 固体落入接收器内。当取出试样接近所需质量（0.6～0.8g）时，一边继续用瓶盖轻敲瓶口，一边逐渐将瓶身竖直，盖好瓶盖，放回分析天平上再次称量，天平显示质量达平衡时，记录读数为 m_2。倾入接收器内 Na_2CO_3 固体的准确质量 $m=m_1-m_2$。

4. 称量后的整理工作 称量完成后，轻轻取出称量瓶放回原来的干燥器。若秤盘遗落试剂粉末，用毛刷轻轻扫出，关好天平门。天平回到初始状态后拔下电源，盖上防尘罩。在“使用登记本”上登记，指导教师检查允许后方可离开。

【思考题】

（1）分析天平称量前和称量后的检查项目有哪些?

（2）减量法称样过程中，能否用药匙从称量瓶中倾出试样?为什么?

（3）使用分析天平称量物品质量过程中应注意些什么?

实验二　缓冲溶液的配制与性质

【目的】

（1）掌握缓冲溶液的配制方法。

（2）掌握缓冲溶液的性质和缓冲容量的测定方法。

（3）掌握 pH 计的使用方法。

【原理】

缓冲溶液具有抵抗外来少量强酸、强碱或稍加稀释保持 pH 基本不变的能力。缓冲溶液一般由弱酸（HB）和其共轭碱（B^-）组成，其 pH 可用 Henderson-Hasselbalch 方程计算：

$$\mathrm{pH}=\mathrm{p}K_a+\lg\frac{[\mathrm{B}^-]}{[\mathrm{HB}]}=\mathrm{p}K_a+\lg\frac{[\text{共轭碱}]}{[\text{共轭酸}]}$$

上式表明，缓冲溶液的 pH 由弱酸的解离常数 K_a 和溶液中共轭酸碱对的浓度比即缓冲比所决定。配制缓冲溶液时，如果使用相同浓度的弱酸和其共轭碱，则可以用体积比代替浓度比：

$$\mathrm{pH}=\mathrm{p}K_a+\lg\frac{V(\mathrm{B}^-)}{V(\mathrm{HB})}$$

由上式计算所得的 pH 为近似值，要准确计算所配制的溶液的 pH，必须考虑离子强度的影响。配制完成的溶液可以通过 pH 计来实际测量其 pH 并加以调整，pH 计的原理和使用方法请参见第二章化学实验室常用仪器使用部分。

缓冲溶液的缓冲能力有一定的限度，衡量缓冲溶液缓冲能力大小由缓冲容量 β 来计量，计算公式为：

$$\beta=2.303\times\frac{[\mathrm{HB}][\mathrm{B}^-]}{\left([\mathrm{HB}]+[\mathrm{B}^-]\right)}$$

【仪器材料与试剂】

仪器及材料：PHS-3C 酸度计，碱式滴定管（50mL），刻度吸管（20mL、10mL、1mL），烧杯（50mL、200mL），温度计（50℃），洗耳球。

试剂：$0.1\mathrm{mol\cdot L^{-1}}$ HAc，$0.1\mathrm{mol\cdot L^{-1}}$ NaAc，$0.2\mathrm{mol\cdot L^{-1}}$ KH_2PO_4，$0.2\mathrm{mol\cdot L^{-1}}$ Na_2HPO_4，0.9% NaCl，$2\mathrm{mol\cdot L^{-1}}$ HAc，$2\mathrm{mol\cdot L^{-1}}$ NaOH，$2\mathrm{mol\cdot L^{-1}}$ KH_2PO_4，$1\mathrm{mol\cdot L^{-1}}$ HCl，$1\mathrm{mol\cdot L^{-1}}$ NaOH，pH=6.86 混合磷酸盐标准缓冲溶液。

【实验步骤】

1. 缓冲溶液的配制

（1）用 pH=6.86 标准缓冲溶液标定酸度计。（参见第二章第八节二、酸度计）

（2）计算配制 pH=4.60 的缓冲溶液 20mL 所需的 $0.1\mathrm{mol\cdot L^{-1}}$HAc（p$K_a$=4.75）溶液和

0.1mol · L^{-1} NaAc 溶液的用量。根据计算用量，用刻度吸管吸取 HAc 溶液和 NaAc 溶液，置于 50mL 烧杯内混匀。用酸度计测定其 pH，并用 2.0mol · L^{-1} NaOH 溶液或者 2.0mol · L^{-1} HAc 溶液调节，使其 pH 为 4.60。

（3）计算配制 pH=7.40 的缓冲溶液 60mL 所需的 0.2mol·L^{-1} KH_2PO_4（pK_{a2}' =6.86）溶液和 0.2mol · L^{-1} Na_2HPO_4 溶液的用量。根据计算用量，用碱式滴定管放出 Na_2HPO_4 溶液，用刻度吸管取 KH_2PO_4 溶液，置于 200mL 烧杯内混匀。用酸度计测定其 pH，并用 2.0mol·L^{-1} NaOH 溶液或者 2.0mol · L^{-1} KH_2PO_4 溶液调节，使其 pH 为 7.40，保留备用。

2. 缓冲溶液的性质 按照表 2-1 的体积，用 20mL 吸量管吸取各种溶液，并测定其 pH。根据加入酸、碱或纯水前后 pH 的改变值，计算缓冲溶液的缓冲容量并说明缓冲溶液具有哪些性质。

表 2-1 缓冲溶液中加入酸、碱或纯水后对溶液 pH 的影响

序号	20mL 溶液	pH	加入酸、碱或纯水	pH	ΔpH	β
1	0.2mol · L^{-1} KH_2PO_4-Na_2HPO_4		0.25mL1mol · L^{-1} HCl			
2	0.2mol · L^{-1} KH_2PO_4-Na_2HPO_4		0.25mL1mol · L^{-1} NaOH			
3	0.2mol · L^{-1} KH_2PO_4-Na_2HPO_4		20mL 纯水			
4	生理盐水		0.25mL 1mol · L^{-1} HCl			
5	生理盐水		0.25mL 1mol·L^{-1} NaOH			
6	0.1mol · L^{-1} KH_2PO_4-Na_2HPO_4		0.25mL 1mol · L^{-1} HCl			
7	0.1mol · L^{-1} KH_2PO_4-Na_2HPO_4		0.25mL1mol · L^{-1} NaOH			

【思考题】

（1）所配制的缓冲溶液 pH 的计算值与实验值有一定差异，为什么？造成差异的因素有哪些？

（2）根据实验说明什么情况下缓冲溶液具有最大缓冲容量？

（3）$NaHCO_3$ 是否具有缓冲能力？为什么？

Experiment 2: Preparation and Properties of Buffer Solution and Measure the pH of the Solution

[Purposes]

(1) To learn the operation of the measuring pipet and basic buret.

(2) To learn the properties of buffer solutions and determination of buffer capacity.

(3) To learn to determine the pH with pH-meter.

[Principles]

A buffer solution is defined as a solution that resists changes in pH when a small amount of an acid or base is added or the solution is diluted. A buffer solution consists of a mixture of weak acid (HB) and its conjugative base (B^-). The pH value of a buffer solution can be calculated by the Henderson-Hassalbach equation:

$$\text{pH}=\text{p}K_a+\lg\frac{[B^-]}{[HB]}=\text{p}K_a+\lg\frac{[\text{conjugate base}]}{[\text{conjugate acid}]}$$

From the equation we can see that the pH of a buffer solution depends upon the values of the ionization constant of the conjugative acid and the buffer ratio of the buffer solution at equilibrium.

When a buffer solution is prepared by mixing equal concentration of a weak acid and its conjugative base, the equation can be expressed as:

$$\text{pH}=\text{p}K_a+\lg\frac{V(B^-)}{V(HB)}$$

The pH obtained is an approximate value. To improve the accuracy, we need to introduce activity as a replacement for concentration. The pH-meter is used when an accurate determination of pH is needed. Buffer capacity (β) is a quantitative measure of the ability of the buffer solution to resists changes in pH, can be calculated by buffer capacity formula.

$$\beta=2.303\times\frac{[HB][B^-]}{([HB]+[B^-])}$$

[Apparatus and Reagents]

Apparatus: pH meter, thermometer, Basic buret (50mL), measuring pipet (20mL, 10mL, 1mL), beaker (50mL, 200mL), rubber suction bulb.

Reagents: standard buffer solution (pH=6.86), 0.1mol · L^{-1} HAc, 0.1mol · L^{-1} NaAc, 0.2mol · L^{-1} KH_2PO_4, 0.2mol · L^{-1} Na_2HPO_4, 0.9% NaCl, 2mol · L^{-1} HAc, 2mol · L^{-1} NaOH,

2mol · L^{-1} KH_2PO_4，1mol · L^{-1} HCl，1mol·L^{-1} NaOH.

[Procedures]

1. Preparation of a buffer solution

（1）Adjust the pH meter with a pH=6.86 standard buffer solution.

（2）Calculation of the volumes of 0.1mol · L^{-1} HAc（pK_a=4.75）solution and 0.1mol · L^{-1} NaAc solution required for preparing 20mL of a pH 4.60 buffer solution.

Transfer the HAc solution with the measuring pipet into a 50mL beaker. Add the NaAc solution with a measuring pipet into the same beaker. The solution is thoroughly mixed. Measure the pH of the solution by using a pH meter. If the pH of solution is not equal to 4.60，adjust the pH of the solution to 4.60 with 2.0mol · L^{-1} NaOH or 2.0mol · L^{-1} HAc solutions.

（3）Calculate the volumes of 0.2mol · L^{-1} KH_2PO_4（H_3PO_4: pK_{a2}=6.86）solution and 0.2mol·L^{-1} Na_2HPO_4solution required for preparing 60mL buffer solution.

Drain out the 0.2mol · L^{-1} Na_2HPO_4 solution，from Basic buret into a 150mL beaker and transfer 0.2mol · L^{-1} KH_2PO_4 solutions with the measuring pipet into the same beaker. Mix the solution completely. Measure the pH of the solution. Adjust the pH of the solution to 7.40 with 2.0mol·L^{-1} NaOH solution and 2.0mol · L^{-1} KH_2PO_4 solution. Store the prepared solution for next steps.

2. Properties of buffer solution

Measure out the solution according to Table 2-1 and determine the pH of the solutions with pH meter. In the light of the pH change before or after adding acid，base and pure water，illustrate the properties of buffer solution.

Table 2-1 Effect of adding acids，base，or pure water on the pH of buffer solutions

Experiment No.	20mL solution	pH	adding acids，base，or pure water	pH	ΔpH	β
1	0.2mol · L^{-1} KH_2PO_4-Na_2HPO_4		0.25mL 1mol · L^{-1} HCl			
2	0.2mol · L^{-1} KH_2PO_4-Na_2HPO_4		0.25mL 1mol · L^{-1} NaOH			
3	0.2mol · L^{-1} KH_2PO_4-Na_2HPO_4		20mL pure water			
4	Physiologic saline solution		0.25mL1mol · L^{-1} HCl			
5	Physiologic saline solution		0.25mL1mol · L^{-1} NaOH			
6	0.1mol · L^{-1} KH_2PO_4-Na_2HPO_4		0.25mL1mol · L^{-1} HCl			
7	0.1mol · L^{-1} KH_2PO_4-Na_2HPO_4		0.25mL1mol · L^{-1} NaOH			

[Questions]

（1）Why are the differences in the pH between calculations and measurements? What are the factors responsible for that?

（2）According to the results of your experiment，in what condition does a buffer solution have the biggest buffer capacity?

（3）Does $NaHCO_3$ solution have buffer capacity? Why?

实验三　溶胶的制备与性质

【目的】

（1）了解溶胶的制备、净化、保护和聚沉的方法。

（2）验证溶胶的性质，了解溶胶的Tyndal效应和电泳现象。

（3）观察动物胶对溶胶的保护作用。

【原理】

溶胶的分散相粒子是由许多小分子或小离子聚集而成的，分散相粒子的直径柱 1～100nm 之间。制备溶胶的必要条件，是使分散相粒子的直径处于胶体分散系的范围（1～100nm）之内。制备溶胶的方法，原则上有两类：一类是把固体颗粒变小的分散法；另一类是小分子或小离子聚集成胶粒的凝集法。

用上述两类方法所制备的溶胶，常含有较多的电解质和其他杂质，需要把它们全部或部分除去，常采用渗析法净化溶胶。

溶胶的分散相粒子的直径，小于可见光的波长（400～760nm），因此当光照射溶胶时，发生明显的散射作用而产生 Tyndal 效应。

胶核的比表面很大，优先吸附与胶核具有相同组成的离子，而使胶粒带有电荷。由于胶粒带有电荷，因此在直流电场作用下，胶粒在分散介质中能向与其所带电荷相反的电极移动，而产生电泳现象。

在溶胶中加入电解质，可使带有相反电荷的离子进入吸附层，导致电动电势下降，使水化膜变薄，从而发生聚沉现象。电解质中起聚沉作用的主要是与胶粒带相反电荷的离子，且所带电荷越多，其聚沉能力就越强。此外，加热或把胶粒带相反电荷的两种溶胶混合，也会发生聚沉现象。

在溶胶中加入一定量的可溶性高分子化合物，能显著提高溶胶的稳定性，这种现象称为高分子化合物对溶胶的保护作用。但如果加入高分子化合物的量较少，不但不能起保护作用，还会导致溶胶迅速生成棉絮状沉淀，这种现象称为高分子化合物对溶胶的絮凝作用。

【仪器材料与试剂】

仪器：电泳装置，Tyndal 效应装置，电磁搅拌器，烧杯（100mL×5），试管，漏斗，手电筒，酒精灯，U 形管，石棉网，玻璃棒，三角架，渗析袋，低压直流电源，导线，滤纸。

试剂：尿素（s），H_2S（0.1mol · L^{-1}、新配制），单宁酸（1.0g · L^{-1}、新配制），氨水（6mol · L^{-1}），Na_2CO_3（0.1mol · L^{-1}），$AgNO_3$（0.01mol · L^{-1}），酒石酸锑钾（4g · L^{-1}），$FeCl_3$（0.1mol · L^{-1}），$K_4[Fe(CN)_6]$（0.01mol · L^{-1}1），NaCl（0.05mol · L^{-1}、1mol · L^{-1}），$MgCl_2$（0.05mol · L^{-1}），$AlCl_3$（0.05mol · L^{-1}），KNO_3（0.5mol · L^{-1}），KSCN（0.01mol · L^{-1}），动物胶（10g · L^{-1}），硫的酒精饱和溶液。

【实验步骤】

1. 溶胶的制备

（1）凝聚法

1）改变溶剂法制备硫溶胶：向试管中滴加 5～6 滴硫的酒精饱和溶液，再加入 3mL 蒸馏水，振荡试管，观察硫溶胶的生成。保留溶胶备用。

2）利用氧化还原反应制备银溶胶：向试管中加入 2mL 新配制的单宁酸溶液，再滴加 2～3 滴 $0.1mol \cdot L^{-1}$ Na_2CO_3 溶液，摇匀后再逐滴加入 $0.01mol \cdot L^{-1}$ $AgNO_3$ 溶液，微热，即生成红棕色的银溶胶。保留溶胶备用。

3）利用复分解反应制备 Sb_2S_3 溶胶：在一个 100mL 烧杯加入 40mL $4g \cdot L^{-1}$ 酒石酸锑钾溶液，然后滴加 $0.1mol \cdot L^{-1}$ H_2S 水溶液，并适当搅拌，直到溶液变成橙红色为止。保留溶胶备用。

4）利用水解反应制备 $Fe(OH)_3$ 溶胶：在 100mL 的烧杯中加入 30mL 蒸馏水，加热至沸，然后边搅动边逐滴加入 5mL $0.1mol \cdot L^{-1}$ $FeCl_3$ 溶液，继续煮沸 1～2min，观察溶液颜色变化，写出反应式。保留溶胶备用。

（2）分散法

1）制备普鲁士蓝溶胶：在 1 支试管中加入 3mL $0.1mol \cdot L^{-1}$ $FeCl_3$ 溶液，再加入 4～5 滴 $0.01mol \cdot L^{-1}$ $K_4[Fe(CN)_6]$溶液，即有普鲁士蓝沉淀生成。用滤纸过滤，滤液为普鲁士蓝溶胶。保留溶胶备用。

2）制备 $Al(OH)_3$ 溶胶：在试管中加入 4mL $0.05mol \cdot L^{-1}$ $AlCl_3$ 溶液，滴加 $6mol \cdot L^{-1}$ 氨水，即有氢氧化铝沉淀（凝胶）析出。用倾析法将沉淀洗涤 2～3 次，洗完后用滤纸过滤，再将沉淀转入 50mL 蒸馏水中，煮沸 30min。冷却静置，上层清液即为氢氧化铝溶胶。保留溶胶备用。

2. 溶胶的净化 将制备的 $Fe(OH)_3$ 溶胶倒入渗析袋中；用线拴住袋口，置于盛有蒸馏水的烧杯中，每隔 20min 换一次水，同时分别用 $AgNO_3$ 和 KSCN 溶液检验水中的 Cl^- 和 Fe^{3+} 离子。渗析至不能检出 Cl^- 和 Fe^{3+} 离子为止。

3. 溶胶的性质

（1）溶胶的光学性质——Tyndal 效应：在手电筒圆玻璃片上蒙上一层黑纸，黑纸中心开一小孔，在暗处观察上面制备的 6 种溶胶的 Tyndal 效应（图 3-1）。同时，观察蒸馏水和自来水有无 Tyndal 效应。

（2）溶胶的电学性质——电泳现象：在净化后的 $Fe(OH)_3$ 溶胶巾加入 5g 尿素晶体（增加溶胶密度），取上层溶胶注入 U 形管中，然后用滴管沿 U 形管管壁在两侧分别滴入蒸馏水，使两侧液面升高约 3～4cm，并在两侧各加 2 滴 $0.5mol \cdot L^{-1}$ KNO_3 溶液。在两侧水层中分别插入铜电极，使电极端离溶胶界面约 2 cm，接通直流电源（图 3-2），电压调至 30～40 V。20min 后观察现象，可见溶胶与水之间的界面向负极移动。由界面移动的方向判断 $Fe(OH)_3$ 溶胶的胶粒带何种电荷？写出 $Fe(OH)_3$ 溶胶的胶粒和胶团的结构。

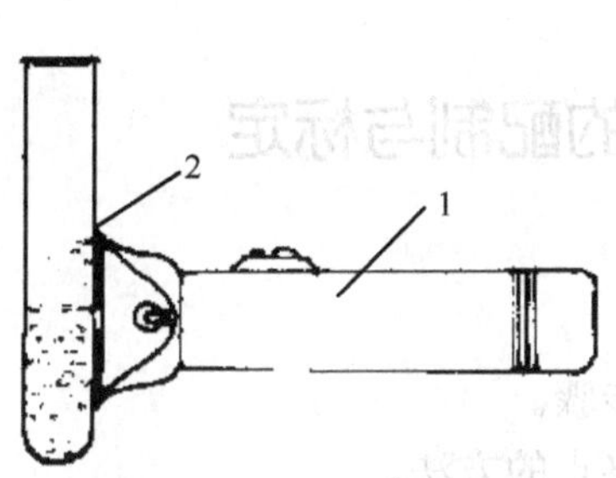

图 3-1　试验 Tyndal 效应

1. 平电筒；2.中心开有小孔的黑纸

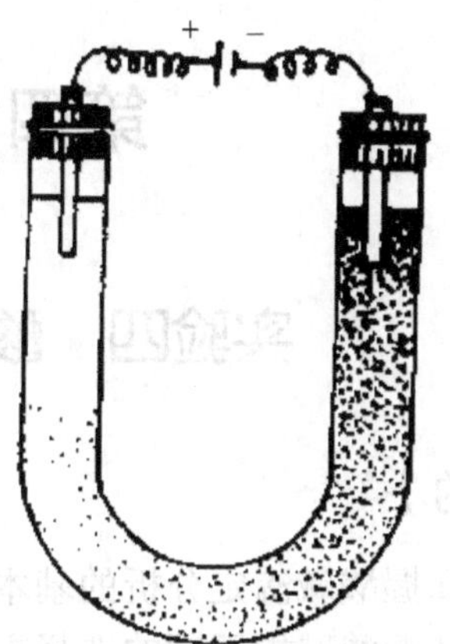

图 3-2　简单的电泳装置

4. 溶胶的聚沉

（1）电解质对溶胶的聚沉：取 3 支干燥试管，各加入 1mL Sb_2S_3 溶胶，边振荡边向 3 支试管中分别加入 0.05mol · L^{-1} NaCl、$MgCl_2$ 和 $AlCl_3$ 溶液，直到聚沉现象出现为止。准确记下所加入的每种电解质溶液引起溶胶开始聚沉所需的量。试解释使溶胶开始聚沉所需电解质溶液的量与阳离子电荷之间的关系。

（2）溶胶的相互聚沉：将 1mL $Fe(OH)_3$ 溶胶和 1mL Sb_2S_3 溶胶混匀，观察现象，并加以解释。

（3）加热使溶胶聚沉：取 2mL Sb_2S_3 溶胶，加热至沸腾，有什么现象发生（此试验成功的关键是制得的 Sb_2S_3 溶胶的浓度要高一些，即颜色要深一些？为什么？

5. 高分子化合物的保护作用和絮凝作用

（1）保护作用：取 2 支试管，一支加入 1mL 10g · L^{-1} 动物胶溶液，另一支加入 1mL 蒸馏水。然后在 2 支试管中各加入 5mL Sb_2S_3 溶胶，并小心振荡试管，约 3 min 后，再向每支试管中各加入 1mL 1.0mol · L^{-1}NaCl 溶液，摇匀。观察 2 支试管中有何现象发生，并加以解释。

（2）絮凝作用：取 2 支试管，各加入 5mL Sb_2S_3 溶胶，在一支试管中滴加 2 滴 10g · L^{-1} 动物胶溶液，另一支试管中加入 1mL 1.0mol · L^{-1} NaCl 溶液，摇匀。观察 2 支试管中有何现象发生，试加以解释。

【思考题】

（1）Tyndal 效应和电泳现象是怎样形成的？

（2）加入电解质或加热，对溶胶的稳定性各产生怎样的影响？

第四章　滴 定 分 析

实验四　酸碱标准溶液的配制与标定

【目的】

（1）掌握酸碱滴定分析的基本原理及实验操作步骤。
（2）掌握酸碱指示剂的选择方法以及确定滴定终点的方法。
（3）学会酸碱标准溶液的配制与标定方法。
（4）练习滴定操作，掌握滴定管、移液管的正确使用方法。

【原理】

酸碱滴定法又称中和滴定法，是以质子转移反应为基础的滴定分析方法。测定酸性（或碱性）物质时，用已知浓度的强碱（或强酸）溶液与其作用，然后根据所消耗的强碱（或强酸）溶液的量，求出被测物质的含量。

滴定分析法通常分为三个步骤：标准溶液的配制，标准溶液浓度的标定，试样含量的测定。

标准溶液是指已知准确浓度的溶液。能用于直接配制标准溶液的物质，称为一级标准物质。在酸碱滴定分析中，常用盐酸和氢氧化钠作标准溶液。但浓盐酸容易挥发，氢氧化钠易吸收空气中的水和二氧化碳，都不能直接配制成标准溶液。只能先配制成近似浓度的溶液，然后用一级标准物质标定其准确浓度，或者用已知准确浓度的溶液来进行标定。

常用于标定 HCl 的一级标准物质有：无水 Na_2CO_3 或硼砂（$Na_2B_4O_7 \cdot 10H_2O$）。其中硼砂的摩尔质量较大，但因含结晶水，需保持在相对湿度为 60%的恒湿器中。碳酸钠易制得纯品，物美价廉，但有吸湿性，能吸收 CO_2，所以用前必须在 270～300℃加热约 1 小时，稍冷却后置于干燥器中冷却至室温备用。反应如下：

$$Na_2CO_3 + 2HCl = 2NaCl + H_2O + CO_2\uparrow$$

用 $0.1000 mol \cdot L^{-1}$ HCl 溶液滴定 $0.1000 mol \cdot L^{-1}$ Na_2CO_3 溶液，计量点时 pH=3.9，滴定突跃为 pH=5.0～3.5，可选用甲基橙（变色范围 pH=3.1～4.4）或甲基红（变色范围 pH=4.4～6.2）作指示剂。滴定近终点时，应将溶液煮沸约 2min，冷却至室温（或旋摇 2min），减少 CO_2 的影响，继续滴定至终点。

常用于标定 NaOH 的一级标准物质有草酸（$H_2C_2O_4 \cdot 2H_2O$）、邻苯二甲酸氢钾（$KHC_8H_4O_4$）。最常用的是邻苯二甲酸氢钾，它易纯制，稳定，且摩尔质量较大。反应如下：

$$C_6H_4(COOH)(COOK) + NaOH = C_6H_4(COONa)(COOK) + H_2O$$

计量点时，溶液的 pH=9.1，可选用酚酞作指示剂。

【仪器材料与试剂】

仪器：分析天平，酸式（碱式）滴定管（25mL），容量瓶（100mL），移液管（10mL），锥形瓶（100mL×3），烧杯（100mL），量筒（10mL、1000mL），称量瓶，洗瓶，玻棒。

试剂：无水Na_2CO_3（s，A.R），HCl（浓A.R），甲基橙指示剂（0.05%），NaOH（s，A.R），$KHC_8H_4O_4$（s，A.R），0.1%酚酞指示剂。

【实验步骤】

1. 标准盐酸溶液的配制与标定

（1）配制0.1mol·L^{-1}的HCl溶液1000mL：计算配制1000mL 0.1mol·L^{-1}的HCl溶液所需浓盐酸的体积。用10mL量筒量取所需浓盐酸，倒入盛有300mL蒸馏水的1000mL的量筒中，用少量的蒸馏水洗涤10mL量筒2～3次，洗涤液并入1000mL的量筒中，加蒸馏水稀释至1000mL，转移至1000mL试剂瓶中，塞好塞子，充分摇匀。（此步骤也可由实验室准备好。）

（2）Na_2CO_3标准溶液的配制：在分析天平上用差减法精确称取无水碳酸钠约0.6～0.8g（准确至±0.0001g）置于100mL烧杯中，加20～30mL蒸馏水并用玻璃棒轻轻搅动使其完全溶解，然后将溶液转移至100mL容量瓶中，用少量蒸馏水洗涤烧杯数次，洗涤液一并移入容量瓶（注意控制总体积），加蒸馏水至刻度线，将溶液充分摇匀。

（3）HCl溶液的标定：取10mL洁净的移液管，用少量配制好的Na_2CO_3标准溶液润洗三次，然后吸取Na_2CO_3溶液10.00mL放入100mL的锥形瓶中，用洗瓶吹入少量的蒸馏水将黏附沾附在锥形瓶内壁上的溶液冲下，加甲基橙指示剂1滴，溶液呈黄色。

用少量待标定的HCl溶液润洗酸式滴定管三次，装入HCl溶液至“0”刻度以上，检查有无气泡并排除之，打开活塞，放出多余的液体，如液体不足，可补充后再调整。将凹液面调整至“0”刻度或“0”刻度以下，记下初始读数（准确至0.01mL）。将含有Na_2CO_3溶液的锥形瓶移至衬有白纸或白瓷砖的滴定管下，缓慢滴加HCl溶液。在滴加过程中，边滴边摇动锥形瓶，待溶液变成浅黄色（临近终点）时，用少量的蒸馏水冲洗锥形瓶的内壁，继续小心滴加HCl溶液直到溶液颜色刚刚变成橙色或微红，即达滴定终点。记录消耗的HCl溶液的体积。重复滴定操作2次。测定结果的相对平均偏差不应大于0.2%。

根据滴定所消耗的HCl溶液的体积和实际参加反应的Na_2CO_3质量，可计算HCl溶液的准确浓度。

$$c(\mathrm{HCl})=\frac{2\times m(\mathrm{Na_2CO_3})}{M(\mathrm{Na_2\,CO_3})\times V(\mathrm{HCl})}$$

2. 标准氢氧化钠溶液的配制和标定

（1）配制近似浓度0.1mol·L^{-1}NaOH溶液250mL：计算配制250mL 0.1mol·L^{-1} NaOH溶液所需的固体NaOH的质量。用电子分析天平快速称出所需的NaOH置于100mL小烧杯中，加50mL蒸馏水溶解，放冷后移入250mL量筒中，加蒸馏水稀释至250mL，再转移至500mL试剂瓶中，塞入橡皮塞，充分摇匀。（此步骤也可由实验室准备好。）

（2）邻苯二甲酸氢钾（$KHC_8H_4O_4$）标准溶液的配制：在分析天平上用差减法精确称取$KHC_8H_4O_4$约1.0～1.3g（准确至±0.0001g）置于100mL小烧杯中，加20～30mL蒸馏水并用玻璃棒轻轻搅动使其完全溶解，然后将溶液转移至100mL的容量瓶中，用少量蒸馏水洗涤小烧杯数次，洗涤液一并移入容量瓶，加蒸馏水至刻度线，塞入塞子，将溶液充分摇匀。

（3）NaOH 溶液的标定：取 10mL 洁净的移液管，用少量配制好的 $KHC_8H_4O_4$ 标准溶液润洗三次，然后吸取 $KHC_8H_4O_4$ 标准溶液 10.00mL 放入 100mL 的锥形瓶中，用洗瓶吹入少量的蒸馏水将黏附在锥形瓶内壁上的溶液冲下，加酚酞指示剂 2 滴。

用少量待标定的 NaOH 溶液润洗碱式滴定管三次，装入 NaOH 溶液至“0”刻度以上，检查有无气泡并排除之，打开活塞，放出多余的液体，如液体不足，可补充后再调整。将凹液面调整至“0”刻度或“0”刻度以下，记下初始读数（准确至 0.01mL）。将含有 $KHC_8H_4O_4$ 溶液的锥形瓶移至衬有白纸或白瓷砖的滴定管下，缓慢滴加 NaOH 溶液。在滴加过程中，边滴边摇动锥形瓶，接近终点时，用少量的蒸馏水冲洗锥形瓶的内壁，继续小心滴加 NaOH 溶液直到溶液颜色刚刚变成浅红色，即达滴定终点。记录消耗的 NaOH 溶液的体积。重复滴定操作 2 次。测定结果的相对平均偏差不应大于 0.2%。

根据滴定所消耗的NaOH溶液的体积和实际参加反应的$KHC_8H_4O_4$质量，可计算NaOH溶液的准确浓度。

$$c(\mathrm{NaOH})=\frac{m(\mathrm{KHC_8H_4O_4})}{M(\mathrm{KHC_8H_4O_4})\times V(\mathrm{NaOH})}$$

【思考题】

（1）用来制备碳酸钠溶液的容量瓶是否需要干燥，为什么？

（2）移液管量取溶液前是否需要用被量取的溶液润洗？

（3）碳酸钠作为标准物质标定 HCl 时为什么不用酚酞作指示剂？

（4）标定用的基准物质应具备什么条件？

Experiment 4: Preparation and Standardization of Acid and Base Solutions

[Purposes]

(1) To grasp the principles and procedures of acid-base titration.

(2) To grasp the methods of indicator selection and the end point detection.

(3) To learn the method of preparation and standardization of acidic and basic standard solution.

(4) To learn the operation of titration and the method to use burette and pipette.

[Principles]

Acid-base titration is also known as neutralization titration based on proton transfer. When an acidic (or basic) sample is analyzed, the solution of a strong base (or acid) with known concentration is used to react with it. The concentration of the acidic (or basic) compound can be calculated through the amount of the base (or acid) consumed.

The titration analysis usually involves three steps: preparing of the standard solution, standardization of the standard solution, and measuring out an exact amount of the analyte.

A standard solution is one whose concentration is accurately known. It can be prepared directly by a primary standard. In acid-base titration analysis, hydrochloric acid and sodium hydroxide solution are used as the standard solutions. Due to the facts that hydrochloric acid is volatile and sodium hydroxide absorbs moisture and carbon dioxide from air, their standard solution cannot be prepared directly. A solution with approximate concentration is made first. Then its accurate concentration is standardized with a primary standard substance. Its concentration can also be determined by titrating with another solution with known concentration.

The common basic primary standard substances used to standardized HCl solution include anhydrous Na_2CO_3 and borax ($Na_2B_4O_7 \cdot 10H_2O$). Borax has large molar mass but contains crystal water and must be kept in an environmental chamber kept at approximately 60% relative humidity. Sodium carbonate is readily available in high purity form and inexpensive. However, it absorbs moisture and CO_2 from air, it must be dried at (270—300) ℃ for about one hour and cooled down in a desiccator and stored in it.

$$Na_2CO_3 + 2HCl = 2NaCl + H_2O + CO_2\uparrow$$

When $0.1000 mol \cdot L^{-1}$ Na_2CO_3 solution is titrated by $0.1000 mol \cdot L^{-1} HCl$ solution, the stoichiometric point is pH=3.9, the pH titration jump interval is from 5.0 to 3.5. So methyl orange or methyl red fits reasonably well with its color change interval of pH =3.1—4.4 or pH=4.4—6.2. When the end point of titration is coming, the solution should be boiled for 2min or be swirled for 2min to avoid the effect of CO_2. The titration is continued until the end point is reached.

The common acidic primary standard substances used to standardize NaOH solution include oxalic acid ($H_2C_2O_4 \cdot 2H_2O$) and potassium acid phthalate ($KHC_8H_4O_4$). Potassium acid phthalate is the one most commonly used as primary standard substance because it has large molar mass, high stability, and readily available in high purity form.

$$C_6H_4(COOH)(COOK) + NaOH = C_6H_4(COONa)(COOK) + H_2O$$

At the stoichiometric point, the pH of the solution is 9.1 . Phenolphthalein can be chosen as the indicator.

[Apparatus and reagents]

Apparatus: analytical balance, acidic (basic) burette (25mL), volumetric flask (100mL), transfer pipette (10mL), conical flask (100mL), beaker (100mL), graduated cylinder (10mL, 1000mL), weighing bottle, washing bottles, glass rod.

Reagents: anhydrous Na_2CO_3 (s, A.R), concentrated hydrochloric acid (A.R), methyl orange indicator (0.05%), NaOH (s, A.R), 0.1% phenolphthalein indicator.

[Procedures]

1. Preparation of 1000mL 0.1mol · L^{-1} HCl solution

To calculate the volume of concentrated HCl needed to prepare 1000mL 0.1mol·L^{-1} HCl solution, then measure the volume of concentrated HCl needed out by means of 10mL graduated cylinder and pour the acid into the liter graduated cylinder containing about 300mL of distilled water. Wash out the 10mL graduated cylinder 2—3 times with a small amount of distilled water and add the washings to the original solution. Make up to 1000mL mark with distilled water, transfer the solution to liter reagent bottle, insert the stopper and thoroughly mix by shaking.

2. Preparation of standard solution of Na_2CO_3

Weigh out pure Na_2CO_3 accurately from weighing bottle about 0.4—0.6g (±0.0001g precisely) with analytical balance by difference method. Pour the anhydrous sodium carbonate into 100mL beaker. Add 20—30mL distilled water and stir with a glass rod until all Na_2CO_3 is dissolved. Then transfer the solution to a 100mL volumetric flask. Wash out the beaker several times with a small amount of distilled water and add the washings to the original solution. Add water to the calibration mark and shake the flask sufficiently to homogenize the solution.

3. Standardization of HCl solution

Transfer 10.00mL Na_2CO_3 standard solution into a 100mL conical flask, with 10mL pipette which is rinsed three times with a small amount of Na_2CO_3 solution before using it. Wash the inner wall of the conical flask with a small amount of distilled water from a washing bottle. Add 1 drop of methyl orange indicator and the solution becomes yellow.

Rinse the acidic burette three times with a small amount of HCl solution to be standardized, fill the burette to a point above the zero mark and open the stopcock momentarily in order to dislodge any small air bubbles that may collect at the junction of the stopcock and the tip. Re-fill, if necessary, to bring the level of meniscus to the zero mark or below the zero mark. Record the position of meniscus to 0.01mL. The conical flask should be placed on a white background. During the addition of the acid, the flask must be constantly swirled with one hand while the other hand controls the stopcock, continue the addition until the methyl orange becomes a very faint yellow. Wash the inner wall of the conical flask with a small amount of distilled water from a washing bottle, and continue the titration drop by drop until the color of the methyl orange becomes orange or a faint pink. This marks the end point of the titration. Record the volume of the HCl solution consumed in the titration. Repeat the titration 2 times. The relative error of the analytical results is 0.2% or lower.

From the mass of sodium carbonate and the volume of hydrochloric acid consumed, we can calculate the accurate concentration of HCl solution.

$$c(\mathrm{HCl})=\frac{2\times m(\mathrm{Na_2CO_3})}{M(\mathrm{Na_2CO_3})\times V(\mathrm{HCl})}$$

[Questions]

(1) Is it necessary that volumetric flask is dry before using it to prepare Na_2CO_3 solution? Why?

(2) Is it necessary that pipettes should be rinsed before using it to measure solution?

(3) Why not take phenolphthalein as indicator when Na_2CO_3 is used as a primary standard to standardize HCl solution?

(4) What are the characteristics of the primary standard for the standardization?

实验五　食醋总酸度的测定

【目的】

（1）掌握食醋总酸度测定的原理和方法。

（2）正确掌握滴定操作及滴定终点的判断方法。

【原理】

食用醋中的主要成分是醋酸，含量约为 30～50g · L^{-1}。尽管还存在一些有机酸，但含量是以醋酸来计算。醋酸是一元弱酸，它的解离常数 K_a=1.75×10^{-5}，用标准 NaOH 溶液标定时，发生如下反应：

$$HAc+NaOH=NaAc+H_2O$$

由滴定反应式可知，计量点时 pH=8.73，滴定突跃范围 pH=7.75～9.70，可选用酚酞作指示剂。食醋中醋酸的质量浓度可根据被滴定的食醋量和所消耗的氢氧化钠的浓度和体积计算：

$$\rho(\text{HAc})=\frac{c(\text{NaOH})\times V(\text{NaOH})\times M(\text{HAc})\times\dfrac{100\text{mL}}{20\text{mL}}}{V_{(\text{食醋})}}(\text{g}\cdot\text{L}^{-1})$$

其中 c（NaOH）为 NaOH 标准溶液的浓度（mol · L^{-1}），V（NaOH）为标定时用去 NaOH 标准溶液的体积（mL），M（HAC）为醋酸的摩尔质量 g · mol^{-1}，$V_{(\text{食醋})}$为稀释前所取的食醋的体积（mL）。

【仪器材料与试剂】

仪器：碱式滴定管（25mL），容量瓶（100mL），移液管（20mL、25mL），锥形瓶（250mL×3），洗瓶，玻棒。

试剂：食醋（样品），NaOH 标准溶液，0.1%酚酞指示剂。

【实验步骤】

（1）取 1 支 25mL 洁净的移液管，用少量待测的食醋润洗 3 次，然后吸取食醋 25.00mL，移入 100mL 的容量瓶中，加蒸馏水稀释至刻度线，塞入塞子，将溶液充分摇匀。

（2）取 1 支 20mL 洁净的移液管，用稀释后的食醋润洗移液管 3 次。移取稀释后的食醋 20.00mL 置于 250mL 锥形瓶中，用洗瓶吹入少量蒸馏水将锥形瓶内壁上的溶液冲下，加酚酞指示剂 2 滴。

（3）用 NaOH 标准溶液滴定至溶液呈浅粉红色，且 30s 内不褪色即为终点，记录滴定所消耗的 NaOH 标准溶液体积。

（4）重复滴定操作 2～3 次，三次测定结果的相对平均偏差不大于 0.2%。

（5）由消耗的 NaOH 体积和浓度计算食醋中醋酸的含量。

【思考题】

（1）能用甲基红或甲基橙指示剂代替酚酞指示剂吗？为什么？

（2）滴定前必须用醋酸润洗移液管 3 次，锥形瓶是否需要润洗？

Experiment 5: Determination of Acetic Acid Content of Vinegar

[Purposes]

(1) To grasp the principles and procedures of titration of acetic acid in vinegar.

(2) To grasp the operation of titration and the method of the end point detection.

[Principles]

Acetic acid (CH_3COOH) is the main composition in commercial vinegar. Its content is in the range of 30—50g · L^{-1}. Although other organic acids are present, we still mainly consider the acetic acid. Acetic acid is a monoacidic weak acid and the acid dissociation constant $K_a = 1.75\times10^{-5}$. When standard sodium hydroxide is used to titrate acetic acid solution, the following reaction takes place:

$$HAc + NaOH = NaAc + H_2O$$

According to the reaction above, at stoichiometric point pH is 8.73 and the pH change interval is 7.75 to 9.70. Phenolphthalein can be chosen as the indicator. The concentration of acetic acid in vinegar can be calculated according to the volume and the concentration of NaOH solution consumed.

$$\rho(\text{HAc}) = \frac{c(\text{NaOH})\times V(\text{NaOH})\times M(\text{HAc})\times\dfrac{100\text{mL}}{20\text{mL}}}{V_{(\text{vinegar})}}\ (\text{g}\cdot\text{L}^{-1})$$

c(NaOH) is the molarity(mol·L^{-1}) of the standard NaOH solution used in the titration, V (NaOH) is the volume of the standard NaOH solution consumed (mL), M (HAc) is the molar mass of the acetic acid (g·mol^{-1}), and $V_{(\text{vinegar})}$ is the volume of the vinegar used in titration.

[Apparatus and reagents]

Apparatus: basic burette (25mL), volumetric flask (100mL), volumetric pipet (20mL, 25mL), conical flask (250mL × 3), washing bottles, glass rod.

Reagents: vinegar (sample), standard sodium hydroxide, 0.1%phenolphthalein indicator.

[Procedures]

(1) Rinse a clean transfer pipet three times with a small amount of the vinegar (sample), measure out 25.00mL vinegar, pour the solution into a 100mL volumetric flask, make up to the mark with distilled water. Insert the stopper and mix the solution thoroughly by shaking and inverting the flask repeatedly.

(2) Rinse a clean transfer pipet three times with a small amount of distilled water and then rinse clean volumetric pipet three times with a small amount of diluted vinegar. Measure out 20.00mL the above vinegar by volumetric pipet and pour into 250mL conical flask. Wash the inside walls of the flask down with a little distilled water. Add 2 drops of phenolphthalein indicator.

(3) Titrate with standard sodium hydroxide to the solution shows pink color and doesn't disappear within 30sec. It is the endpoint of the titration. Record the volume of the standard sodium hydroxide solution used in the titration.

(4) Repeat the titration process 2—3 times until the relative error of results is less than 0.2%.

(5) The concentration of acetic acid in vinegar can be calculated according to the volume and the concentration of NaOH solution consumed.

[Questions]

(1) Can the phenolphthalein indicator be replaced by methyl red or methyl orange? Why?

(2) You must rinse volumetric pipet three times with acetic acid before titration. Is it necessary for conical flask?

实验六　混合碱中碳酸钠和碳酸氢钠含量的测量

【目的】

（1）了解强酸弱碱盐在滴定过程中 pH 的变化情况。

（2）掌握用双指示剂法测量混合碱中 Na_2CO_3、$NaHCO_3$ 含量的原理和方法。

【原理】

混合碱中 Na_2CO_3，$NaHCO_3$ 含量的测量，可以采用双指示剂法。测量时，先加酚酞指示剂，用 HCl 标准溶液滴定至无色，此时试样中的 Na_2CO_3 仅被滴定成 $NaHCO_3$（即 Na_2CO_3 只被中和了一半），而试样中 $NaHCO_3$ 则不发生变化。

$$Na_2CO_3 + HCl = NaHCO_3 + NaCl$$

然后再加甲基橙指示剂，继续用 HCl 标准溶液滴定至溶液由黄色变为橙色，此时溶液中的 $NaHCO_3$（包括试样中的 $NaHCO_3$ 和 Na_2CO_3 和 HCl 反应生成的 $NaHCO_3$）完全反应。

$$NaHCO_3 + HCl = NaCl + H_2O + CO_2\uparrow$$

假定以酚酞为指示剂时用去的盐酸的体积为 V_1（HCl），再以甲基橙为指示剂时又用去盐酸的体积为 V_2（HCl），则混合碱试样中 Na_2CO_3、$NaHCO_3$ 的质量分数可用下列公式计算：

$$w(Na_2CO_3) = \frac{c(HCl)\cdot V_1(HCl)\cdot M(Na_2CO_3)}{m_{试样}} \tag{6-1}$$

$$w(NaHCO_3) = \frac{c(HCl)\cdot [V_2(HCl) - V_1(HCl)]\cdot M(NaHCO_3)}{m_{试样}} \tag{6-2}$$

【仪器材料与试剂】

仪器：分析天平，托盘天平，酸式滴定管（50mL），容量瓶（250mL），量筒（50mL），锥形瓶（250mL），滴定台，洗瓶，洗耳球，玻璃棒。

试剂：混合碱试样（s），HCl 标准溶液（约 $0.1mol\cdot L^{-1}$，由实验室标定），酚酞（$2g\cdot L^{-1}$），甲基橙（$2g\cdot L^{-1}$）。

【实验步骤】

用电子分析天平准确称取 0.15～0.2g 混合碱试样 3 份，分别置于 250mL 锥形瓶中，各加 50mL 蒸馏水溶解后，加入 2 滴酚酞指示剂，用 HCl 标准溶液进行滴定，不断摇晃，直至红色恰好消失，记下消耗 HCl 溶液的体积 V_1（HCl）。然后再往锥形瓶中加入 2 滴甲基橙指示剂，继续用 HCl 溶液滴定至溶液由黄色变为橙色为止，记下第二次滴定消耗 HCl 溶液的体积 V_2（HCl）。

重复上述滴定操作 2 次，3 次滴定消耗 HCl 溶液的体积相差不超过 0.10mL，取平均值，计算混合碱中 Na_2CO_3、$NaHCO_3$ 的质量分数。

【思考题】

（1）本实验用酚酞作指示剂时，所消耗 HCl 溶液的体积较用甲基橙作指示剂时的少，为什么？

（2）测量某混合碱试样时，若分别出现 V_1（HCl）＜V_2（HCl），V_1（HCl）= V_2（HCl），V_1（HCl）＞V_2（HCl），V_1（HCl）= 0，V_2（HCl）= 0 等五种情况，说明各试样的组成情况。

（3）若测量 Na_2CO_3 和 NaOH 组成的混合碱时，可否用双指示剂法？滴定结果如何计算？

（4）测量混合碱试样各组分的含量，滴定到达第一计量点前，由于滴定速度过快，摇动不均匀，对各组分含量的测量结果，将会带来什么影响？

实验七　$KMnO_4$溶液的配制与标定

【目的】

（1）掌握$KMnO_4$溶液的配制与标定的方法。

（2）学习氧化还原滴定法的滴定原理及步骤。

（3）巩固分析天平、滴定管、移液管的规范操作。

【原理】

高锰酸钾是强氧化剂，是氧化还原滴定法中常用的标准溶液，在酸性条件下可被还原为Mn^{2+}，其反应如下：

$$MnO_4^- + 8H^+ + 5e \longrightarrow Mn^{2+} + 4H_2O$$

市售的$KMnO_4$试剂不稳定，易被还原性物质还原，而且常含有少量的MnO_2，因此$KMnO_4$不能直接配制成标准溶液，只能配成近似浓度的溶液，然后再用一级标准物质标定。为使$KMnO_4$溶液浓度达到稳定，常将配好的$KMnO_4$加热至微沸，保持微沸1小时，放置2～3天，用砂芯漏斗过滤后，置于棕色瓶中保存。

常用来标定$KMnO_4$的一级标准物质是$Na_2C_2O_4$（M_r=134.0），在酸性条件下反应为：

$$2MnO_4^- + 5C_2O_4^{2-} + 16H^+ \longrightarrow 2Mn^{2+} + 10CO_2\uparrow + 8H_2O$$

由于上述反应在常温下进行较慢，在滴定前应将溶液适当加热，温度应控制正在75～85℃，不能超过90℃，否则$Na_2C_2O_4$会分解。在滴定过程中，由于反应生成的Mn^{2+}具有催化作用，能加快反应速率。当滴定至溶液的颜色从无色变成淡红色，且在30s内不褪色时，即为滴定终点。根据$Na_2C_2O_4$的质量以及消耗的$KMnO_4$的体积，可计算出$KMnO_4$溶液的准确浓度。

$$c(KMnO_4) = \frac{2\times m(Na_2C_2O_4)\times \frac{20.00}{100.00}\times 1000}{5\times M(Na_2C_2O_4)\times V(KMnO_4)} \quad (7\text{-}1)$$

【仪器材料与试剂】

仪器：分析天平，酸式滴定管（25mL），容量瓶（100mL），锥形瓶（250mL×3），烧杯（100mL），移液管（20mL），量筒（10mL），洗瓶，洗耳球，称量瓶，酒精灯，石棉网，玻棒，滴管。

试剂：分析纯$Na_2C_2O_4$，分析纯$KMnO_4$，$3mol\cdot L^{-1}H_2SO_4$。

【实验步骤】

（1）用台秤称取$KMnO_4$约0.18g置于小烧杯中，加蒸馏水溶解，稀释至250mL，加热至沸，并保持微沸1小时，放置2～3天，然后用砂芯漏斗过滤，滤液储存于棕色瓶中，在暗处密闭保存。

（2）$Na_2C_2O_4$使用前在烘箱内于105℃烘干1小时，取出后置于干燥器内保存。准确

称取 $Na_2C_2O_4$ 一级标准物质 0.14～0.16g（精确到±0.0001g），置于小烧杯中，加适量蒸馏水使之溶解，用玻棒转移至 100mL 容量瓶中，再用少量蒸馏水润洗 2～3 次，润洗液一并转入容量瓶中，加水稀释至刻度，摇匀。

（3）用 20mL 移液管准确移取 20.00mL $Na_2C_2O_4$ 溶液于 250mL 锥形瓶中，加 $3mol \cdot L^{-1} H_2SO_4$ 5mL，加热溶液至（75～85）℃，趁热用 $KMnO_4$ 溶液滴定，开始时滴定较慢，待 $KMnO_4$ 溶液褪色后再加入一滴，以后滴定速度可加快，直到加入一滴 $KMnO_4$ 溶液时反应液出现淡红色且保持 30s 内不褪色即达到滴定终点。

（4）准确平行测定三次，根据 $Na_2C_2O_4$ 的质量以及消耗的 $KMnO_4$ 的体积，可用式(7-1)计算 $KMnO_4$ 溶液的准确浓度。

【思考题】

（1）配制 $KMnO_4$ 溶液应该注意些什么？

（2）在标定高锰酸钾溶液时，为什么要将溶液加热到（75～85）℃？能否加热到 90℃以上？为什么？

实验八　过氧化氢浓度的测定

【目的】

（1）掌握高锰酸钾法测定过氧化氢含量的原理及方法。

（2）巩固分析天平、滴定管、移液管的规范操作。

【原理】

H_2O_2 是医学临床上常用的消毒剂，市售双氧水是含 H_2O_2 3%（$g \cdot L^{-1}$）或 30%（$g \cdot L^{-1}$）的水溶液。在酸性条件下，H_2O_2 能定量地被 $KMnO_4$ 氧化，生成 H_2O 和 O_2。反应方程式为：

$$5H_2O_2 + 2KMnO_4 + 3H_2SO_4 = 2MnSO_4 + K_2SO_4 + 5O_2\uparrow + 8H_2O$$

上述反应在室温下是一个慢反应。滴定开始时，反应较慢，$KMnO_4$ 溶液必须逐滴加入。在滴定过程中，溶液中逐渐产生 Mn^{2+}（Mn^{2+}是反应的催化剂）使反应逐渐加快，滴定速度可稍快些。当 $KMnO_4$ 标准溶液滴定至溶液呈淡红色，且 30s 内不褪色，即为终点。根据滴定消耗的 $KMnO_4$ 标准溶液的体积和浓度，可计算 H_2O_2 的质量浓度：

$$\rho(H_2O_2) = \frac{5 \times c(KMnO_4) \times V(KMnO_4) \times M(H_2O_2)}{2 \times 1.00 \times \dfrac{25.00mL}{250.00mL}} (g \cdot L^{-1}) \qquad (8\text{-}1)$$

【仪器材料与试剂】

仪器：吸量管（1mL），移液管（25mL），锥形瓶（250mL×3），容量瓶（250mL），酸式滴定管（50mL），洗瓶，洗耳球 。

试剂：0.01mol · L^{-1} $KMnO_4$ 标准溶液，市售双氧水，3mol · L^{-1} H_2SO_4 。

【实验步骤】

用吸量管取 1.00mL 市售的 H_2O_2 溶液于 250mL 容量瓶中，加蒸馏水稀释至刻度，摇匀。然后用 25mL 移液管取 25.00mL 稀释后的双氧水待测液，置于 250mL 锥形瓶中，加入 3mol · L^{-1} H_2SO_4 5mL。将 $KMnO_4$ 标准溶液装于酸式滴定管中，进行滴定，至溶液呈淡红色并在 30s 内不褪色，即达滴定终点。记录结果，平行测定三次。按式（8-1）计算 H_2O_2 的含量。

【思考题】

（1）在储存过程中，$KMnO_4$ 标准溶液会分解为 MnO_2，其充当了分解反应继续进行的催化剂。解释一周后用同样的 $KMnO_4$ 标准溶液重新进行滴定，滴定结果的误差。

（2）用 $KMnO_4$ 溶液滴定 H_2O_2 时，溶液能否加热？为什么？

Experiment 8：Determine the concentration of H_2O_2 in commercial hydrogen peroxide solution

[Purposes]

（1）To grasp the principle and procedure of oxidation-reduction titration.

（2）To learn the manipulation of analytical balance，burette and pipette.

[Principles]

H_2O_2 is a common medicament disinfector，the commercial hydrogen peroxide are about 3%（$g{\cdot}L^{-1}$）or 30%（$g{\cdot}L^{-1}$）H_2O_2 solution. In acidic solution，H_2O_2 can be oxidized by $KMnO_4$ to form H_2O and O_2.

$$5H_2O_2+2KMnO_4+3H_2SO_4 = 2MnSO_4+K_2SO_4+5O_2\uparrow+8H_2O$$

The rate of this reaction is slow at room temperature. At the beginning of titration，the speed of the reaction is too slow，and the $KMnO_4$ solution must be titration drop by drop，Mn^{2+} is gradually produced in the solution，and it speeds up the reaction，so the speed of titration can be increased slightly. In the titration of $KMnO_4$ method，all the species are colorless，except $KMnO_4$ solution itself has a color，when the reaction reaches its stoichiometric point in the course of titration，slightly excessive amount of $KMnO_4$ solution is added to make the solution ping，no additional indicator being added. From the titration volume and the concentration of the $KMnO_4$，the mass concentration of H_2O_2 can be calculated：

$$\rho(H_2O_2)=\frac{5\times c(KMnO_4)\times V(KMnO_4)\times M(H_2O_2)}{2\times 1.00\times\dfrac{25.00mL}{250.00mL}}(g\cdot L^{-1}) \qquad (8\text{-}1)$$

[Apparatus and reagents]

Apparatus：Measuring pipette（1mL），transfer pipette（25mL），Erlenmeyer flask（250mL×3），volumetric flask（250mL），acidic burette（50mL），washing bottles，rubber suction bulb.

Reagents：$KMnO_4$ standard solution（$0.01mol\cdot L^{-1}$），commercial hydrogen peroxide，H_2SO_4（$3mol{\cdot}L^{-1}$）.

[Procedures]

Transfer 1.00mL commercial H_2O_2 to 250mL volumetric flask by measuring pipette and dilute to 250mL with distilled water. Then a sample solution was prepared. Transfer 25.00mL sample solution to 250mL Erlenmeyer flask by transfer pipette and add 5mL $3mol{\cdot}L^{-1}$ H_2SO_4 in it. Add the $KMnO_4$ standard solution to the solution in Erlenmeyer flask drop by drop from the acidic burette，continue successive addition of $KMnO_4$ until one drop produces a pink color that persists for at least 30 seconds. Record the burette reading. Repeat titration two times. From the titration volume，calculate the mass concentration of H_2O_2 in the commercial H_2O_2 solution（equation 8-1）.

[Questions]

（1）In the course of storage，$KMnO_4$ tends to decompose to MnO_2 in solution，which acts as a catalyst for further decomposition. What is the effect on the result of titration if you repeat the titration with the "same" $KMnO_4$ solution a week later?

（2）In the titration of H_2O_2 in the commercial H_2O_2 solution by $KMnO_4$ standard solution，can we heat the H_2O_2 solution to speed up the reaction? Why?

实验九 碘量法测定葡萄糖溶液的浓度

【目的】

（1）掌握间接碘量法测定葡萄糖含量的原理和方法。

（2）掌握间接碘量法的基本操作。

【原理】

I_2在 NaOH 溶液中发生歧化反应（自身氧化-还原反应）：

$$I_2 + 2NaOH = NaI + NaIO + H_2O$$

生成的 NaIO 可将葡萄糖（$C_6H_{12}O_6$）定量氧化为葡萄糖酸钠：

$$CH_2OH(CHOH)_4CHO + NaIO + NaOH \longrightarrow CH_2OH(CHOH)_4COONa + NaI + H_2O$$

过量的 NaIO 在酸性条件下与 NaI 反应又生成 I_2.

$$NaIO + NaI + H_2SO_4 = Na_2SO_4 + I_2 + H_2O$$

析出的 I_2 可用 $Na_2S_2O_3$ 标准溶液进行滴定：

$$Na_2S_2O_3 + I_2 = Na_2S_4O_6 + 2NaI$$

由上述反应可得计量关系：

$$n(C_6H_{12}O_6) = n(I_2) - \frac{1}{2}n(Na_2S_2O_3)$$

试样中葡萄糖的质量浓度为：

$$R = \frac{[c(I_2)V(I_2) - 1/2c(Na_2S_2O_3) \cdot V(Na_2S_2O_3)] \cdot M(C_6H_{12}O_6)}{V_{试样}} \qquad (9\text{-}1)$$

本法可用于测定葡萄糖注射液中的含量。常用的葡萄糖注射液的质量浓度有 $50g \cdot L^{-1}$、$100g \cdot L^{-1}$ 和 $500g \cdot L^{-1}$ 3 种，本实验测定 $50g \cdot L^{-1}$ 注射液中葡萄糖的含量。

【仪器材料与试剂】

仪器：酸式滴定管 50mL，碘量瓶 250mL，移液管 25mL，容量瓶 250mL，滴定台，吸管架，洗耳球，洗瓶。

试剂：I_2 标准溶液（$0.05mol \cdot L^{-1}$），$Na_2S_2O_3$ 标准溶液（$0.1mol \cdot L^{-1}$），NaOH（$2mol \cdot L^{-1}$），HCl（$6mol \cdot L^{-1}$），葡萄糖注射液（$50g \cdot L^{-1}$），淀粉（$5g \cdot L^{-1}$）。

【实验步骤】

用移液管吸取 25.00mL 葡萄糖注射液于 250mL 容量瓶中，加水稀释至刻度，摇匀。用移液管移取 25.00mL 稀释液于碘量瓶中，加入 25.00mL I_2 标准溶液，摇匀，再慢慢加入 $2mol \cdot L^{-1}$ NaOH 溶液（约需 4mL），直至溶液呈淡黄色。将碘量瓶加塞放置 10～15min 后，再加入 2mL $6mol \cdot L^{-1}$ HCl 溶液，立即用 $Na_2S_2O_3$ 标准溶液进行滴定，滴定至溶液呈淡黄色时，加入 2mL 淀粉溶液，继续滴定至蓝色消失，即为终点。平行测定 3 次，要求相对偏差不超过±0.5%，根据待测定葡萄糖注射液的体积、$Na_2S_2O_3$ 和 I_2 溶液的浓度及 I_2 和

$Na_2S_2O_3$溶液的体积，计算葡萄糖注射液的质量浓度，用式（9-1）计算葡萄糖注射液的质量浓度。

【思考题】

用碘量法测定葡萄糖溶液的质量浓度时为什么要先加入 NaOH 溶液，后加入 HCl 溶液？

实验十　EDTA 溶液的配制与标定

【目的】

（1）熟悉 EDTA 滴定法的原理和方法。

（2）了解 EDTA 滴定法中铬黑 T 指示剂的使用条件和方法。

【原理】

EDTA 是乙二胺四乙酸的简称，也可用 H_4Y 表示。它是一种多齿有机配体，能与元素周期表中大多数金属离子配位形成具有较大稳定常数的配合物（螯合物）。因此，在配位滴定分析法中常以它作为标准物质，来测定某些金属离子的含量。

EDTA 难溶于水，实验中通常采用易溶于水的 EDTA 二钠盐（$Na_2H_2Y \cdot 2H_2O$）来配制标准溶液。EDTA 的二钠盐可精制成一级标准物质，但通常因蒸馏水中含有杂质，会使 EDTA 标准溶液的浓度改变。因此，在要求准确度较高的实验中，常采用间接法配制 EDTA 标准溶液，再用一级标准物质标定。为防止 EDTA 与玻璃成分中的金属离子作用，配好的 EDTA 标准溶液应贮存在聚乙烯塑料瓶中。

标定 EDTA 的一级标准物质有纯锌、氧化锌、碳酸钙、碳酸镁、硫酸镁和硫酸锌等。标定 EDTA 的条件应尽可能与测定条件相同。用 EDTA 标准溶液测定 Ca^{2+}、Mg^{2+}，一般可使用碳酸钙作一级标准物质，在 $pH = 10$ 的 NH_3-NH_4Cl 缓冲溶液中，用铬黑 T 作指示剂进行标定。但铬黑 T 指示剂与 Ca^{2+}的显色灵敏度较差，终点变色不敏锐，而 Mg^{2+}与铬黑 T 显色灵敏。因此，可直接用碳酸镁或硫酸镁作一级标准物质。

EDTA 与金属离子结合形成的配合物（螯合物）一般没有颜色，在本实验中使用铬黑 T 指示剂指示终点，铬黑 T 在 pH＜6 时呈紫红色；pH=7～11 时呈纯蓝色; pH＞12 时呈橙黄色。铬黑 T 颜色的变化是因为在不同的 pH 条件下酚羟基上的质子释放程度不同所至。

$$H_2In \underset{pK_{a2}}{\overset{-H^+}{\rightleftharpoons}} HIn^{2-} \underset{pK_{a3}}{\overset{-H^+}{\rightleftharpoons}} In^{3-}$$

pH < 6 紫红色　pH=7～11 纯蓝色　　pH≥12 橙黄色。

滴定开始前，铬黑 T 指示剂先与 Mg^{2+}结合形成酒红色的配合物（螯合物），但这种配合物的稳定性低于 EDTA 与金属离子结合形成的配合物。当开始用 EDTA 滴定 Mg^{2+}标准溶液时，EDTA 先与游离的 Mg^{2+}金属离子结合形成无色的配合物。滴定进行到终点前，游离的 Mg^{2+}金属离子全部与 EDTA 结合，EDTA 开始夺取 Mg·EBT 中的 Mg^{2+}而使铬黑 T 指示剂游离出来。游离出来的铬黑 T 指示剂所呈现的颜色与此时溶液的 pH 有关。为使指示剂在滴定终点产生明显颜色变化，Mg^{2+}标准溶液中要加入一定量的 NH_3-NH_4Cl 缓冲溶液，使滴定在 pH=7～11 条件下进行。滴定到终点时铬黑 T 指示剂在此 pH 条件下从酒红色变成纯蓝色。

滴定前：$EBT + Mg^{2+} = Mg \cdot EBT$（酒红色）

滴定中：$EDTA + Mg^{2+} = Mg \cdot EDTA$（无色）

终点时：$EDTA + Mg \cdot EBT = Mg \cdot EDTA + EBT$（pH=10，纯蓝色）

计算 EDTA 的公式为：

$$c(\mathrm{EDTA})=\frac{c(\mathrm{Mg}^{2+})\times V(\mathrm{Mg}^{2+})}{V(\mathrm{EDTA})} \tag{10-1}$$

【仪器材料与试剂】

仪器：分析天平，酸式滴定管 25mL，锥形瓶 100mL，移液管 10mL，容量瓶 250mL，烧杯（100mL、150mL），试剂瓶 1000mL，聚乙烯瓶 500mL，量筒（10mL、100mL），微量加样器（1000mL），玻璃棒，滴定台，吸管架，洗耳球，洗瓶。

试剂：$Na_2H_2Y\cdot 2H_2O$（s，A.R），$MgSO_4\cdot 7H_2O$ 一级标准物质，pH=10 的 NH_3-NH_4Cl 缓冲溶液，0.5%铬黑 T。

【实验步骤】

1. 0.01mol · L^{-1} EDTA 标准溶液的配制 在台秤上称取约 3.8g $Na_2H_2Y\cdot 2H_2O$（M = 372.26）置于 100mL 烧杯中，加适量蒸馏水溶解后，稀释至 1L，贮存于聚乙烯塑料瓶中，摇匀。

2. 0.01mol · L^{-1} Mg^{2+}标准溶液的配制 准确称取 $MgSO_4\cdot 7H_2O$（M=246.47）一级标准物质 0.60～0.65g（精确至±0.0001g）于 150mL 烧杯中，加适量的蒸馏水溶解后定量转移至 250mL 容量瓶中，稀释至标线，摇匀备用。

3. 0.01mol · L^{-1} EDTA 标准溶液的标定 准确移取 Mg^{2+}标准溶液 10.00mL 于 100mL 锥形瓶中，加入 4.0mL pH=10 缓冲溶液，1 滴铬黑 T 指示剂。用 EDTA 标准溶液滴定至溶液由酒红色变成蓝紫色时，已接近滴定终点，放慢滴定速度，直到加入半滴 EDTA 标准溶液使蓝紫色变为纯蓝色即为终点。平行测定三次，记录数据于表中，根据所消耗的 EDTA 体积，按式（10-1）计算出 EDTA 标准溶液的浓度。

【思考题】

（1）滴定时为什么要加 pH =10 的 NH_3-NH_4Cl 缓冲溶液？

（2）标定 EDTA 标准溶液时，怎样滴定才能防止超过滴定终点？

（3）配位滴定法与酸碱滴定法相比，有哪些不同？操作当中应注意哪些问题？

【附】

（1）铬黑 T 指示剂的配制：称取约 0.5g 铬黑 T，加入 20mL 三乙醇胺，再加入无水乙醇稀释至 100mL。

（2）pH=10 的 NH_3-NH_4Cl 缓冲溶液配制：称取约 67.5g NH_4Cl 固体. 溶于 200mL 重蒸馏水中，加入 15mol · L^{-1} 浓氨水 570mL，用蒸馏水稀释至 1L。

实验十一　自来水中 Ca^{2+}、Mg^{2+}浓度的测定

【目的】

（1）掌握用 EDTA 标准溶液测定水中的原理和方法。

（2）熟悉用金属指示剂确定螯合滴定的终点。

【原理】

天然水中常含有多种金属离子，其中以 Ca^{2+}、Mg^{2+}含量为高。含有过多金属离子的水称为硬水，其含量的多少用硬度表示。按国际标准，水的总硬度以水中 Ca^{2+}、Mg^{2+}总含量为标准，用 $c_{总硬度}$（$mmol \cdot L^{-1}$）表示。

工农业生产用水和生活饮用水等对水的硬度都有一定的要求，如锅炉用水硬度过高会产生锅垢而引起导热不良甚至爆炸，因而高压锅炉用水的硬度要求不得超过 0.05～0.1 度（水中 Ca^{2+}、Mg^{2+} 盐的含量相当于 CaO $10mg \cdot L^{-1}$时称为 1 度）；饮用水中 Mg^{2+}含量过高会引起胃肠功能紊乱等，当水的总硬度 $c_{总硬度}$＞$10mmol \cdot L^{-1}$时，为不可饮用水。

测定水的总硬度是在 pH=10 的 NH_3-NH_4Cl 缓冲溶液，以铬黑 T 为指示剂，用 EDTA 标准溶液滴定至待测溶液由酒红色变成纯蓝色即为终点。

测定水中 Ca^{2+}、Mg^{2+}离子含量或总硬度时，如有 Fe^{3+}、Al^{3+}、Cu^{2+}、Zn^{2+}、Pb^{2+}等离子存在时，会封闭铬黑 T。为此，可加入三乙醇胺掩蔽 Fe^{3+}、Al^{3+}及加入 Na_2S 掩蔽少量的 Cu^{2+}、Zn^{2+}、Pb^{2+}等重金属离子。

如需分别测定水中 Ca^{2+}、Mg^{2+}含量，则首先将待测溶液 pH 调至 12，使 Mg^{2+}被沉淀为 $Mg(OH)_2$，然后再加入钙指示剂，用 EDTA 标准溶液滴定至终点，计算 $c(Ca^{2+})$（$mmol \cdot L^{-1}$），而 $c(Mg^{2+})$（$mmol \cdot L^{-1}$）则由 $c_{总硬度}$（$mmol \cdot L^{-1}$）与 $c(Ca^{2+})$（$mmol \cdot L^{-1}$）之差求得。

滴定前：$EBT + Mg^{2+} = Mg \cdot EBT$（酒红色）

滴定中：$EDTA + Ca^{2+} = Ca \cdot EDTA$（无色）

$EDTA + Mg^{2+} = Mg \cdot EDTA$（无色）

终点时：$EDTA + Mg \cdot EBT = Mg \cdot EDTA + EBT$（pH=10，纯蓝色）

计算水的硬度的公式为：

$$c_{总硬度}(mmol \cdot L^{-1}) = \frac{c_{EDTA} \times V_{EDTA}}{V_{水样}} \tag{11-1}$$

【仪器材料与试剂】

仪器：酸式滴定管 25mL，锥形瓶 100mL×3，移液管（10mL、20mL），吸量管（2mL、5mL），烧杯 100mL，试剂瓶 500mL，聚乙烯瓶 500mL，微量加样器（1000mL），滴定台，吸管架，洗耳球，洗瓶。

试剂：$Na_2H_2Y \cdot 2H_2O$（A.R），pH=10 的 NH_3-NH_4Cl 缓冲溶液，0.5%铬黑 T，$6mol \cdot L^{-1}$ HCl 溶液，$1.5mol \cdot L^{-1}$三乙醇胺水溶液，$0.5mol \cdot L^{-1}$ Na_2S 溶液。

【实验步骤】

1. 水样处理 用移液管移取20.00mL水样，置于锥形瓶中，加入1滴6mol · L^{-1} HCl溶液，酸化水样，摇荡锥形瓶后，再加入1.5mol · L^{-1}三乙醇胺水溶液2mL，pH=10的NH_3-NH_4Cl缓冲溶液4mL，0.5mol · L^{-1} Na_2S溶液0.5mL。

2. Ca^{2+}、Mg^{2+}离子总含量测定 水样经处理后，加入1滴铬黑T为指示剂（如果由于水样中残氯的影响使得颜色消失，可再补加1滴），用EDTA标准溶液滴定至溶液由酒红色变成蓝紫色时，已接近滴定终点，放慢滴定速度，直到加入半滴EDTA标准溶液使蓝紫色变为纯蓝色即为终点。平行测定三次，记录数据于表中，根据所消耗的EDTA体积，按式（11-1）计算出水样的$c_{总硬度}$（mmol · L^{-1}）。

【思考题】

（1）本实验测定Ca^{2+}、Mg^{2+}离子含量，试样中存在少量Fe^{3+}、Al^{3+}、Cu^{2+}、Zn^{2+}、Pb^{2+}等杂质离子，对测定有干扰么？用什么方法可消除这些干扰？

（2）测定水样总硬度时，为什么要加入pH=10的NH_3-NH_4Cl缓冲溶液？

Experiment 11： Determination of Hardness of Water Supply with Complexometric Titration

[Purposes]

（1） To learn the method of preparation of EDTA standard solution.

（2） To know the basic procession of complexometric titration.

（3） To learn the applications of Eriochrome black T （EBT） indicator.

[Principles]

1. Standardization of EDTA solution

The complex agent of EDTA or H_4Y is the abbreviation of ethylene diamine tetraacetic acid. And the water soluble disodium salt of EDTA （$Na_2H_2Y \cdot 2H_2O$） is widely employed in titrimetric analysis. The disodium salt of EDTA can be refined to a primary standard， but the concentration of EDTA will be changed in the impure distilled water， the EDTA standard solution are usually prepared with indirect preparation and standardized with primary substance in the precisely experiment .The EDTA solution should be stored in polyethene bottles in order to avoid that the EDTA react with metal ions from the surface of glass vessels.

There are some primary standard substances to standardize the EDTA， such as purified Zn， ZnO， $CaCO_3$， $MgCO_3$， $MgSO_4$， ect. In order to reduce the systemic errors， the conditions of determining a sample should be the same as conditions of standardizing EDTA as possible.

If the Ca^{2+}， Mg^{2+} ions present in a sample to be determined， the $CaCO_3$ should be utilized as the primary standard. However there is no sharp end point could be observed with calcium ions and EBT. The Mg-EBT in that of pH region shows sharp wine-red compare with blue of indicator at the end point， so the $MgSO_4$ can be used as an ideal primary standard substance. EDTA react with metal ions can form colorless complex， Eriochrome black T （EBT） used as the indicator. The color of EBT depends on pH of solution， when pH of solution less than 6， its color is purple red; if pH of solution over 12， its color is orange; when pH of solution is equal to 10， it will become pure blue. So the color of EBT take place obvious change at the end point of the titration. In order to adjust the pH of solution to 10， NH_3-NH_4Cl buffer solution is added into the Mg^{2+} primary standard solution. Then add 1drop EBT， which will combine with paucity of Mg^{2+} to form a wine-red complex Mg-EBT. When begin to titrate， EDTA will first react with free Mg^{2+} of the solution form a colorless complex Mg-EDTA. When free $Mg^{2+}$of solution nothing left， EDTA start to usurp the Mg^{2+} of the complex Mg-EBT， because Mg-EDTA is more stable than Mg- EBT. Finally， when all the free EBT released from Mg-EBT' the color of the solution turn blue at the end point of the titration.

2. Determination of the hardness of water

Hard water is generally defined as the water that contains more than certain amount of calcium and magnesium salt. The water which has high levels of salts is called hard water. In natural water the concentration of calcium and magnesium ions generally more than any other metal ions; thus, hardness has come to mean the total concentration of calcium and magnesium which expressed as $c_{\text{(hardness)}}$ (mmol · L^{-1}) .

Determination of hardness is a useful analytical process for measuring the quality of water for household and industrial uses. Permissive range of hardness of water for boiler is 0.05—0.1 degree, (when the total amounts of calcium and magnesium salts in one liter of water equate with CaO 10 mg · L^{-1}, hardness be called 1 degree) . If water hardness is above 10mmol · L^{-1}, it is not suitable for drinking.

Water hardness is ordinarily determined by EDTA titration, the pH of sample is regulated to about 10 with NH_3-NH_4Cl buffer solution, and Eriochrome black T used as indicator.

Traces of many metals, e.g., Fe^{3+}, Al^{3+}, Cu^{3+}, Zn^{2+}, Pb^{2+}, ect., will interfere the determination of Ca^{2+} and Mg^{2+} when Eriochrome black T used as indicator. Their interference can be overcome by the addition of a little triethanolamine (masking the Fe^{3+}, Al^{3+}) and Na_2S (masking the Cu^{3+}, Zn^{2+}, Pb^{2+}) .

Before titration: $\text{EBT} + Mg^{2+} = \text{Mg·EBT}$ (wine-red)

Before end point: $\text{EDTA} + Ca^{2+} = \text{Ca·EDTA}$ (colorless)

$\text{EDTA} + Mg^{2+} = \text{Mg·EDTA}$ (colorless)

End point: $\text{EDTA} + \text{Mg·EBT} = \text{Mg·EDTA} + \text{EBT}$ (pH=10, blue)

We can use the following equation to calculate the hardness of supply water:

$$c_{\text{(hardness)}} = \frac{c_{\text{EDTA}} \times V_{\text{EDTA}}}{V_{\text{sample}}} \qquad (11\text{-}1)$$

[Apparatus and Reagents]

Apparatus: Analytical balance, platform balance, acid buret(25mL), conical flask(100mL×3), transfer pipet (20mL/10mL) volumetric flask (250mL), beaker (150mL), reagent bottle (1000mL), graduated cylinder (5mL, 10mL 50mL), glass rod, polyethene bottle.

Reagents: EDTA($Na_2H_2Y \cdot 2H_2O$), $MgSO_4 \cdot 7H_2O$(primary standard substance)6mol · L^{-1} HCl, 0.5%EBT, pH=10NH_3-NH_4Cl buffer solution, 1.5mol · L^{-1} triethano-lamine solution, 0.5mol·L^{-1} Na_2S.

[Procedures]

1. Preparation of 0.01mol · L^{-1} EDTA solution

Weight about 3.8g of $Na_2H_2Y \cdot 2H_2O$ with the platform balance, put it into a clean 250mL beaker, dissolve the solid with the distilled water, transfer the solution to a polythene bottle and dilute to about 1000mL.Mix the solution and label the bottle.

2. Preparation of 0.01mol · L^{-1} Mg^{2+} solution

Scale 0.60—0.65g of primary standard $MgSO_4·7H_2O$ with analytical balance，put it into 150mL clean beak precisely，add some water to dissolve the solid.Then transfer it quantitatively to a 250mL volumemetric flask and dilute to the mark，mix the solution thoroughly.

3. Standardization of sodium EDTA standard solution

Pipet 10mL Mg^{2+} standard solution into a 100mL conical flask，add 4mL NH_3-NH_4Cl buffer solution of pH=10 and 1 drop Eriochrome black T as indicator. Titrate with EDTA standard solution and swirling the conical flask until the color changes from wine-red to purple and blue，then just add one drop EDTA，the color changes into pure blue at the end point of the titration. Repeat the titration twice and calculate the c_{EDTA}（mmol · L^{-1}）with the formula.

$$c(EDTA) = \frac{c(\text{Mg}^{2+}) \times V(\text{Mg})}{V(\text{EDTA})} \tag{11-2}$$

4. To dispose of water sample

Pipet 20mL water sample into 100mL conical flask，add 6mol · L^{-1} HCl 1drop，then add 2mL 1.5mol · L^{-1} triethanolamine solution，4mL NH_3-NH_4Cl buffer solution of pH=10 and 0.5mol · L^{-1} Na_2S 0.5mL.

5. Determination of the hardness of water

Add 1drop Eriochrome black T as indicator in water sample. Titrate with EDTA standard solution and swirling the conical flask until the color changes from wine-red to purple and blue，then just add one drop EDTA，the color changes into pure blue at the end point of the titration. Repeat the titration twice and calculate the $c_{\text{(total hardness)}}$（mmol·$L^{-1}$）with the equation （11-1）.

[Questions]

（1）Why should the sample solution be added to the buffer solution of pH=10 in the determination of the total hardness of water?

（2）Are these disturbance if water sample contains little of ions of Fe^{3+}，Al^{3+}，Cu^{3+}，Zn^{2+}，Pb^{2+} in determination of the hardness of water ? How to eliminate the disturbance of the ions above?

第五章　分光光度法

实验十二　阿司匹林药片中阿司匹林含量的测定

【目的】

（1）了解应用可见分光光度法测定阿司匹林含量的方法。

（2）熟练掌握 7200 型分光光度计的操作方法。

【原理】

阿司匹林是从水杨酸合成的白色晶体化合物，分子式为 $CH_3COOC_6H_4COOH$，常以片剂的方式用于减轻疼痛、退烧和消炎。

阿司匹林的主要成分为乙酰水杨酸，酯基在碱性条件下可与羟胺反应生成羟肟酸；后者在酸性条件下与三氯化铁形成红色的羟肟酸铁，此物质的最大吸收波长为 520nm，且在一定浓度范围内符合 Lambert-Beer 定律。可采用标准曲线法求出阿司匹林药片中阿司匹林的含量。

【仪器材料与试剂】

仪器：7200 型分光光度计，容量瓶（25mL×6），吸量管（1mL×5、2 mL）。

试剂：$2mol \cdot L^{-1}$ NaOH，$4mol \cdot L^{-1}$ HCl，10%$FeCl_3$，$0.5g \cdot L^{-1}$ 乙酰水杨酸乙醇液，7%盐酸羟胺乙醇液，阿司匹林样品溶液。

【实验步骤】

1. 标准溶液和样品溶液的配制　按表 12-1 所示，分别取 $0.5mg \cdot mL^{-1}$ 乙酰水杨酸乙醇液 0.00mL、0.50mL、1.00mL、1.50mL、2.00mL 和阿司匹林样品溶液 1.00mL 置于 25mL 容量瓶中，再各加入 7%盐酸羟胺乙醇液 1.00mL，$2mol \cdot L^{-1}$ NaOH1.00mL，放置 3min 后，加入 $4 mol \cdot L^{-1}$ HCl 和 10%$FeCl_3$ 各 1.00 mL，加水至刻度摇匀，放置 10min 后，备用。

表 12-1　标准溶液和样品溶液的配制

实验序号	1（空白）	2	3	4	5	6（待测）
$0.5g \cdot L^{-1}$ 乙酰水杨酸（mL）	0.00	0.50	1.00	1.50	2.00	0.00
阿司匹林样品溶液（mL）	0.00	0.00	0.00	0.00	0.00	1.00
7%盐酸羟胺乙醇液（mL）	1.00	1.00	1.00	1.00	1.00	1.00
$2mol \cdot L^{-1}$ NaOH（mL）	1.00	1.00	1.00	1.00	1.00	1.00
$4 mol \cdot L^{-1}$ HCl（mL）	1.00	1.00	1.00	1.00	1.00	1.00
10% $FeCl_3$（mL）	1.00	1.00	1.00	1.00	1.00	1.00
$V_{总}$（稀释）（mL）	25.00	25.00	25.00	25.00	25.00	25.00
$c_{标准}$（稀释）（$mg \cdot L^{-1}$）						
$c_{样品}$（稀释）（$mg \cdot L^{-1}$）						

2. 吸光度（*A*）的测定 按 7200 型分光光度计的使用方法，选择波长 λ=510nm 和相应的灵敏度挡，以空白溶液作参比溶液，分别测定各标准溶液的吸光度和待测样品溶液的吸光度。记录在表 12-2。

【实验记录与结果分析】

1. 测定吸光度（*A*）的记录 填入表 12-2。

表 12-2 标准溶液和样品溶液的吸光度

实验序号	1（空白）	2	3	4	5	6（待测）
$c_{标准}$（稀释）（$mg \cdot L^{-1}$）						
$c_{样品}$（稀释）（$mg \cdot L^{-1}$）						
吸光度 *A*						

2. 标准曲线的绘制 以吸光度为纵坐标，标准溶液浓度为横坐标作图，绘制出标准曲线（附图）。

3. 待测阿司匹林药片的含量的确定 从标准曲线找出阿司匹林样品溶液的浓度为______（$mg \cdot L^{-1}$），换算出阿司匹林药片的含量=________，从标准曲线查得含量×25 为______（$mg \cdot L^{-1}$）。

【思考题】

（1）整个测定过程酸度控制是否一致，为什么？

（2）水杨酸与三氯化铁形成的紫色可干扰测定，如何消除？

Experiment 12: Spectrophometric Analysis of Aspirin

[Purposes]

(1) To learn to determine concentration of Aspirin by visible spectrophometry.

(2) To grasp the operation of 7200-spectrophometer.

[Principles]

Aspirin, a white, crystalline compound, $CH_3COOC_6H_4COOH$, derived from salicylic acid and commonly used in tablet form to relieve pain and reduce fever and inflammation.

The major composition of aspirin is acetylsalicylic acid, its ethoxycarbonyl can react with hydroxylamine to form hydroximic acid in which can react with the iron(Ⅲ)chloride solution in acid condition to yield a red color complex (λ_{max} = 520nm). Lambert-Beer's law is obeyed in a certain range of aspirin concentration. Then the content of aspirin can be determined by the working curve method.

[Apparatus and Reagents]

Apparatus: 7200-spectrophometer, volumetric flask (25mL), measuring pipets (1mL, 2mL).
Reagents and Materials: $2mol \cdot L^{-1}$ NaOH, $4mol \cdot L^{-1}$ HCl, 10% $FeCl_3$, $0.5g \cdot L^{-1}$standard ethanol solution of acetylsalicylic acid, 7% hydroxylamine hydrochloride ethanol solution, Aspirin samples solution.

[Procedures]

1. Preparation of standard solutions and a sample solution

According to Table 12-1, prepare the blank solution, a series of standard solutions and a sample solution.

Notice: ①After the addition of $2mol \cdot L^{-1}$ NaOH to the solution, you need to settle the solution down for 3 minutes then you can continue.②After the preparation of the solutions, you need to settle them down for 10 minutes before the determination of their absorbance.

Table 12-1 Preparation of standard solution and a sample solution

Experiment No.	1 (blank)	2	3	4	5	6 (sample)
$0.5g \cdot L^{-1}$ standard Aspirin (mL)	0.00	0.50	1.00	1.50	2.00	0.00
Aspirin samples (mL)	0.00	0.0	0.00	0.00	0.00	1.00
7% hydroxylamine hydrochloride (mL)	1.00	1.00	1.00	1.00	1.00	1.00
$2mol \cdot L^{-1}$NaOH (mL)	1.00	1.00	1.00	1.00	1.00	1.00

(Continued)

Experiment No.	1 (blank)	2	3	4	5	6 (sample)
4 mol · L^{-1}HCl (mL)	1.00	1.00	1.00	1.00	1.00	1.00
10%$FeCl_3$ (mL)	1.00	1.00	1.00	1.00	1.00	1.00
V_{Total} (solution diluted) (mL)	25.00	25.00	25.00	25.00	25.00	25.00
$c_{standard}$ (solution diluted) (mg · L^{-1})						
c_{sample} (solution diluted) (mg · L^{-1})						

2. Determination of absorbance (A) of standard solution and sample solution

According to the usage of 7200 spectrophotometer, use λ=520nm (this wavelength is from some reference books). Select suitable sensitivity of the spectrophotometer and use blank solution as reference solution to determine absorbance of each standard solution and sample solution. Record the results.

[Recording and Treating Data]

1. Recording absorbance (A) (Table 12-2)

Table 12-2 Determination absorbance of standard solution and sample solution

Experiment No.	1 (blank)	2	3	4	5	6 (sample)
$c_{standard}$ (solution diluted) (mg · L^{-1})						
c_{sample} (solution diluted) (mg · L^{-1})						
Absorbance (A)						

2. Draw a working curve

The abscissa is concentration of Aspirin of standard solutions; the ordinate is absorbance of the standard solution.

3. Determine the concentration of Aspirin tablets

On working curve, according to the absorbance of the aspirin sample solution to find the concentration of aspirin in the sample solution: ______mg · L^{-1}, finally convert the content of Aspirin in commercial Aspirin tablets: ______.

[Questions]

(1) Why does the acidity of the test solution change during the determination procedure?

(2) How to eliminate the influence of the purple color formed by the salicylic acid and iron (Ⅲ) chloride?

实验十三　邻二氮菲分光光度法测定铁含量

【目的】

（1）通过本实验了解分光光度法的基本原理和基本方法。

（2）掌握邻二氮菲分光光度法测定铁含量的方法。

（3）学习分光光度法测定铁吸收曲线和标准曲线的绘制方法。

（4）了解分光光度计的构造、性能及使用方法。

【实验原理】

根据 Lambert-Beer 定律，当吸光物质的种类、溶剂、溶液温度一定时，具有一定波长的单色光通过一定厚度（b）的有色物质溶液时，有色物质对光的吸收程度（用吸光度 A 表示）与有色物质的浓度（c）呈线性关系，用关系式表示为

$$A = \varepsilon bc \tag{13-1}$$

式（13-1）中 c 是溶液的物质的量浓度；ε 是摩尔吸光系数（单位为 $L \cdot mol^{-1} \cdot cm^{-1}$），它是各种有色物质在一定波长下的特征常数。若溶液组成量度以质量浓度（$g \cdot L^{-1}$）表示，则吸光度 $A = abc$，式中 a 称为吸光系数（单位为 $L \cdot g^{-1} \cdot cm^{-1}$）。

在分光光度法中，当条件一定时，ε、a 均为常数，此时溶液的吸光度（A）与有色物质的浓度成正比。

在实际操作中，可分别测出标准溶液和未知物的吸光度，按下式计算：

$$A_{标} = abc_{标}$$

$$A_{未} = abc_{未}$$

因为同一实验中所使用的比色皿厚度 b 相等，相同的被测物，其 a 亦相同，将上述两式相除得：

$$\frac{A_{标}}{A_{未}} = \frac{c_{标}}{c_{未}}$$

$$c_{未} = \frac{A_{未}}{A_{标}} \times c_{标} \tag{13-2}$$

上述方法称为比较法。通常为省去测量后的计算，提高测量的准确度，往往同时测定数个标准溶液的吸光度，并以浓度为横坐标，吸光度为纵坐标，绘制成标准曲线（或称工作曲线），在同样条件下，测定被测溶液的吸光度后，即可从标准曲线上查出该吸光度所对应的溶液浓度，这种方法称为标准曲线法。

不同的物质对不同波长的光具有不同的吸收能力。因此，根据谱线的形状和吸收峰的波长位置特征和吸光度与浓度的关系，既可以进行定性分析，又可以进行定量分析。

分光光度法测定通常要选择合适的波长。对某一溶液在不同波长下测定其吸光度，以吸光度对波长作图，可得吸收光谱，从吸收光谱中可找出最大吸收波长（λ_{max}）。

此外，溶液的酸度，显色剂的用量，显色的温度、时间及显色物质的组成等，都是影

响测定的因素，必要时可进行测定条件的选择。

邻二氮菲（邻菲罗啉）是目前分光光度法测定铁含量的较好试剂，在 pH=3～9 的溶液中，试剂与 Fe^{2+}生成稳定的橙红色配合物（$\lg K_s = 21.3$），$\varepsilon_{508} = 1.1\times10^4\ L\cdot mol^{-1}\cdot cm^{-1}$。该显色反应中铁必须是亚铁状态，因此，在显色前要加入还原剂，如盐酸羟胺，反应如下：

$$2\,Fe^{3+} + 2NH_2OH\cdot HCl + 2H_2O = 2\,Fe^{2+} + N_2\uparrow + 4\,H_3O^+ + 2Cl^-$$

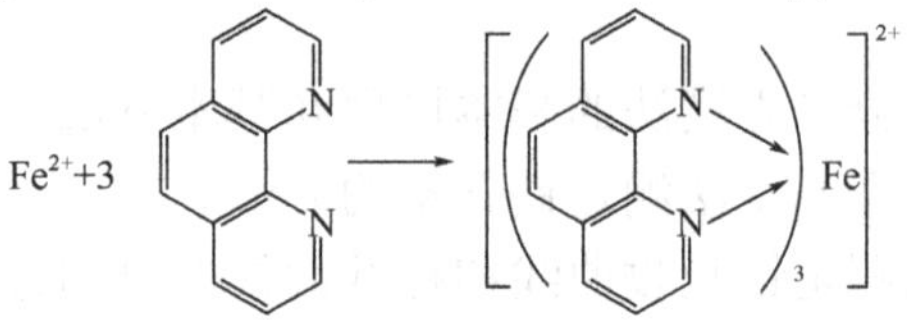

$$Fe^{2+} + 3\,\text{phen} \longrightarrow [Fe(\text{phen})_3]^{2+}$$

【仪器与试剂】

仪器：7200 型分光光度计，分析天平，容量瓶（25mL×7），吸量管（2mL、5mL、10mL），滴管。

试剂：$8mmol\cdot L^{-1}$ 邻二氮菲（新配制），$1.5mol\cdot L^{-1}$ 盐酸羟胺（临用时配制），$1mol\cdot L^{-1}$ NaAc，$2mmol\cdot L^{-1}$ 标准铁溶液。

【实验步骤】

1. 标准溶液和待测溶液的配制 取 25mL 容量瓶 7 个，按表 13-1 所列的量，用吸量管量取各种溶液加入容量瓶中，加蒸馏水稀释至刻度，摇匀。即配成一系列标准溶液和待测溶液。

表 13-1 标准溶液和待测溶液配制

实验序号	1（空白）	2	3	4	5	6	7
标准 Fe^{2+}溶液（mL）	0	0.20	0.40	0.60	0.80	1.00	10.00（水样）
盐酸羟胺（mL）	0.50	0.50	0.50	0.50	0.50	0.50	0.50
邻二氮菲（mL）	1.00	1.00	1.00	1.00	1.00	1.00	1.00
醋酸钠溶液（mL）	2.50	2.50	2.50	2.50	2.50	2.50	2.50
$V_{总}$（稀释）（mL）	25.00	25.00	25.00	25.00	25.00	25.00	25.00
$c_{稀释}$（Fe^{2+}）（$mmol\cdot L^{-1}$）							

2. 吸收光谱的测定 取表 13-1 中的 4 号溶液，按 7200 型分光光度计的使用方法，在 450～560nm 波长范围内，以试剂空白作为参比溶液，每隔 10nm 测定一次溶液的吸光度，在找到具有最大吸光度的波长后，可在其左右 5nm 处，再测一下。记录实验数据于表 13-2 中。

表 13-2 吸收光谱的测定

λ（nm）	
A	
λ_{max}（nm）	

3. 吸光度 A 的测定　选择最大吸收光波长 λ_{max} 为入射光波长，以试剂空白作为参比溶液，测出所配系列标准溶液的吸光度，记录实验数据于表 13-3 中。

表 13-3　标准溶液和待测溶液的吸光度数据记录

容量瓶编号	1（空白）	2	3	4	5	6	7（水样）
$c_{稀释}$（Fe^{2+}）（$mmol \cdot L^{-1}$）	0.00						
吸光度 A	0.00						

4. 待测水样中铁离子浓度的测定　将所配待测水样按与标准曲线系列溶液相同的条件下测其吸光度，记录实验数据于表 13-3 中。

【实验记录与结果分析】

1. 绘制吸收光谱并确定 λ_{max}　根据表 13-2 所记录的数据，以波长为横坐标，吸光度为纵坐标在坐标纸上绘制吸收光谱，从而找出测量用的最大吸收波长 λ_{max}。

吸收光谱：（附图）

2. 绘制标准曲线　根据表 13-3 所记录的数据，以标准 Fe^{2+}离子的浓度（$\mu mol \cdot L^{-1}$）为横坐标，吸光度（A）为纵坐标绘制浓度对吸光度的标准曲线。

3. 待测溶液中 Fe^{3+}（或 Fe^{2+}）离子浓度的确定　根据所测的待测溶液的吸光度，利用比较法和标准曲线法分别计算出未知溶液 Fe^{3+}（或 Fe^{2+}）浓度（$mg \cdot L^{-1}$）。

标准曲线：（附图）

（1）标准曲线法

标准曲线上直接读出 Fe^{2+}的含量为______（$mg \cdot L^{-1}$）；

原水样中铁离子含量为____________（$mg \cdot L^{-1}$）。

（2）比较法

所选取 Fe^{2+}标准溶液的吸光度__________；

水样的吸光度________________；

原水样中铁离子含量为____________（$mg \cdot L^{-1}$）。

【思考题】

（1）为什么要控制被测液的吸光度最好在 0.2～0.8 的范围内？如何控制？

（2）由工作曲线查出的待测铁离子的浓度是否是原始待测液中铁离子的浓度？

（3）从实验结果说明比较法与标准曲线法的优缺点。

Experiment 13: Determination of the Fe^{2+} Concentration in Water with Spectrophotometry

[Purposes]

(1) To learn to determine Fe^{2+} Concentration in water sample with spectrophotometry.

(2) To learn to operate 7200-spectrophotometer.

[Principles]

The Lambert-Beer law provides the mathematical correlation between absorbance and concentration. It is usually stated as:

$$A = \varepsilon bc \tag{13-1}$$

In equation (13-1), A is thc absorbance, c is the molar absorptivity or extinction coefficient ($L \cdot mol^{-1} \cdot cm^{-1}$) that is characteristic of the absorbent solute. When the concentration is in molarity units ($g \cdot L^{-1}$), $A = abc$, here a is called absorptivity ($L \cdot g^{-1} \cdot cm^{-1}$). Because the path length of the radiation through the cell is identical with the cell thickness b and ε is constant, the absorbance A will depend linearly on the concentration of the absorbent solute that allow the proportionality $A \propto c$ to be converted to an equation.

The relationship between absorbance and concentration serves as the basis for the quantitative analysis of a great many substances.

In the experiment, we should determine the absorbance of an unknown concentration of absorbent medium respectively. Then set the following equation:

$$\frac{A(\text{standard})}{A(\text{unknown})} = \frac{abc(\text{standard})}{abc(\text{unknown})}$$

Because all the cuvettes in the spectrophotometer have the same thickness, that is, for the same absorbent medium, the thickness b and absorptivity a must be the same, so we can calculate:

$$\frac{A(\text{standard})}{A(\text{unknown})} = \frac{c(\text{standard})}{c(\text{unknown})}$$

$$c(\text{unknown}) = \frac{A(\text{unknown})}{A(\text{standard})} \times c(\text{standard}) \tag{13-2}$$

The way of treating data above is called comparison method.

In practice, in order to omit the calculation and increase the accuracy of the determination, the absorbance of a series of solutions of known concentrations are measured and a plot of absorbance versus concentration is prepared. Such a plot represents a standard curve (or working curve) for the particular system being studied. An unknown solution containing the same absorbent substance may then be analyzed by measuring its absorbance, locating its value on the working curve, and reading the corresponding concentration. This way that concentration of sample solution is measured by working curve is called working curve method.

Different substances have different ability to absorb the light of different wavelength. According to the shape of the curve of absorption spectrum, the λ of the absorption peak and the relationship between the absorbance and the concentration, spectrophotometry can be used for the qualitative analysis and the quantitative analysis.

The optimum wavelength should be used in the analysis. A graphical plot of absorbance versus wavelength is referred to as an absorption spectrum. These are prepared by measuring the light absorbed by a solution with different known wavelength. By referring to your plots of absorbance versus wavelength, select λ_{max} to study the relationship absorbance and the concentration.

Moreover, the acidity of solution, the amount of the color developing reagent, the temperature of coloration, time and substances, can affect the determination. You can choose a proper condition of determination.

In spectrophotometric determination of trace of Fe^{2+} ions, 1, 10- phenanthroline is a sensitive color-developing agent, with which a complex of Fe^{2+} is formed to give orange red color ($\lg K_s = 21.3$). As this colored solution is measured with a spectrophotometer, maximum absorbance is observed at 510nm. Molar absorption coefficient is equal to 1.1×10^4 L·mol^{-1}·cm^{-1}. In the range of pH 3 to 9, the complex is very stable. Iron must be in ferrous state and hence a reducing agent is added before the color is developed. Hydroxylamine hydrochloride can be used to reduce Fe^{3+} to Fe^{2+}. These reactions given below:

$$2\,Fe^{3+} + 2NH_2OH{\cdot}HCl + 2H_2O = 2\,Fe^{2+} + N_2\uparrow + 4\,H_3O^+ + 2Cl^-$$

$$Fe^{2+} + 3\,(\text{phen}) \longrightarrow [Fe(\text{phen})_3]^{2+}$$

[Apparatus and Reagents]

Apparatus: 7200-spectrophotometer, volumetric flask (25mL×7), measuring pipets (2 mL, 5 mL, 10 mL), analytical balance, sucker.

Materials and Reagents: 8mmol·L^{-1} o-phenanthroline (fresh), 1.5mol·L^{-1} hydroxylamine hydrochloride (fresh), 1mol·L^{-1} sodium acetate, standard ferrous sulfate solution (2mmol·L^{-1}).

[Procedures]

1. Preparation of standard solutions and sample solutions of iron

According to the volume of various reagents listed in Table 13-1. Measure the reagent solution into each of seven volumetric flasks. Fill with distilled water to the volume and mix thoroughly.

According to the table listed below to prepare seven solutions with volumetric flask and measuring pipet. The seven solutions are the blank solution, a serial of absorbance and the sample solution.

Table 13-1 Preparation of the working curve and determination of trace Fe^{3+} ions in a sample solution

Experiment No.	1 (blank)	2	3	4	5	6	7
Fe^{2+} (standard) (mL)	0	0.20	0.40	0.60	0.80	1.00	
Fe^{2+} (sample) (mL)							10.00 (sample)
$NH_2OH{\cdot}HCl$ (mL)	0.50	0.50	0.50	0.50	0.50	0.50	0.50
O-phenanthroline (mL)	1.00	1.00	1.00	1.00	1.00	1.00	1.00
NaAc (mL)	2.50	2.50	2.50	2.50	2.50	2.50	2.50
V_{Total} (solution diluted) (mL)	25.00	25.00	25.00	25.00	25.00	25.00	25.00
c (Fe^{2+} diluted) ($mmol \cdot L^{-1}$)							

2. Determination of absorption spectrum

Before starting this experiment, be sure to read operation manual of spectrophotometer carefully. Set the wavelength dial at 450nm, and adjust the instrument to read 0% *T* with no cuvette and 100% *T* when the reagent blank(No.1 solution)-filled cuvette is in the sample holder. Place No.4 of Table 13-1 standard solution in your second cuvette and insert it into the sample holder. Read the *A* of the standard solution from the dial. Repeat this procedure at 10nm intervals from 450nm to 560nm. Be sure to set the instrument to 0% absorbance and 100% *T* with the blank after each change of wavelength. Record the result (Table 13-2).

Table 13-2 Determination of absorption spectrum

λ/nm	
Absorbance (A)	
λ_{max} (nm)	

3. Preparation of the working curve

Transfer the standard solutions and blank solution to clean cuvettes, and determine the absorbance for each of the five standard solutions at the wavelength that corresponds to maximum absorption in the absorption spectrum, using the blank solution as reference. Record the results (Table 13-3).

Table 13-3 Absorbance of Fe^{3+} standard solutions and sample solution

Experiment No.	1 (blank)	2	3	4	5	6	7 (water sample)
c (Fe^{2+} diluted) ($mmol \cdot L^{-1}$)	0.00						
Absorbance (A)	0.00						

4. Determination of trace Fe^{3+} (or Fe^{2+}) ions in a sample solution

Under the same conditions with Determination of the working curve, determine the *A* of the sample solution, and then find out the concentration Fe^{3+} (or Fe^{2+}) ions by comparison method and the working curve method respectively.

[Recording and Treating Data]

(1) Draw an absorption spectrum and Find λ_{max}: According to the results (Table 13-2), draw an absorption spectrum (the abscissa is concentration of Fe^{2+} of standard solutions; the ordinate is absorbance of the standard solution). Find the maximum absorption wavelength (λ_{max}).

Absorption spectrum:

(2) Draw a working curve: According to the results (Table 13-3), draw a working curve. The abscissa is concentration of Fe^{2+} of standard solution, the ordinate is absorbance of the standard solution.

(3) Determine the $[Fe^{3+}]$ (or $[Fe^{2+}]$) of sample solution: We can look up the concentration the unknown solution from the working curve after its absorbance was determined by comparison method and working curve method.

1) Standard curve method

The concentration of the unknown solution from the working curve is ______$mg \cdot L^{-1}$.

The concentration of the $[Fe^{3+}]$ (or $[Fe^{2+}]$) of sample solution is ______$mg \cdot L^{-1}$.

2) Standard comparison method

$c_{standard}$= ______$mg \cdot L^{-1}$, $A_{standard}$= ______, A_{sample}= ______, c_{sample}= ______$mg \cdot L^{-1}$

[Questions]

(1) Why is the absorbance of the solution better to be controlled in the range of 0.2—0.8? How to control it?

(2) Is the concentration of Fe^{2+} ions found out on the working curve the concentration of Fe^{2+} ions in the original sample solution?

(3) According to this experiment, point out the advantages and disadvantages of comparison method and working curve method.

实验十四　分光光度法测定磺基水杨酸合铁的组成和稳定常数

【目的】

（1）掌握 7200 型分光光度计的使用方法。

（2）了解分光光度法测定溶液中配合物的组成和稳定常数的原理和方法。

【原理】

磺基水杨酸 $C_6H_3(OH)COOH(SO_3H)$ 与 Fe^{3+} 在 pH 为 2～3 水溶液中可形成一定的紫红色稳定配合物。通常可用分光光度法测定配合物的组成和稳定常数，具体方法有连续变化法、摩尔比法和平衡移动法等。本实验采用连续变化法，用 $HClO_4$ 溶液控制溶液的 pH，测定磺基水杨酸合铁的组成和稳定常数。

金属离子 M 和配位体 L 形成配位化合物的反应为：

$$M + nL \rightleftharpoons ML_n \text{(忽略离子的电荷)} \qquad K_s = \frac{[ML]}{[M][L]^n}$$

式中：n 为配合物的配位数，K_s 为配合物的稳定常数。连续变化法（浓度比递变法）是将相同摩尔浓度的金属离子和配体，以不同的体积比混合至一定的总体积，在配合物最大吸收波长处测量其吸光度，当溶液中配合物的浓度最大时，配位数 n 为：

$$n = \frac{c(M)}{c(L)} = \frac{1-f}{f} \tag{14-1}$$

式（14-1）中：c（M）和 c（L）分别为金属离子和配体的浓度；f 为金属离子在总浓度中所占百分数。

$$c(M) + c(L) = c = 常数$$

$$f = \frac{c(M)}{c} \tag{14-2}$$

以吸光度 A 对 f 作图(图 14-1)。当 f=0 或=1 时，配合物的浓度为零。图中吸光度值最大处的 f 值，即为配合物浓度达最大时的 f 值。1∶1 型配合物，吸光度值最大处的 f 值为 0.5，1∶2 型的 f 值为 0.34 等。

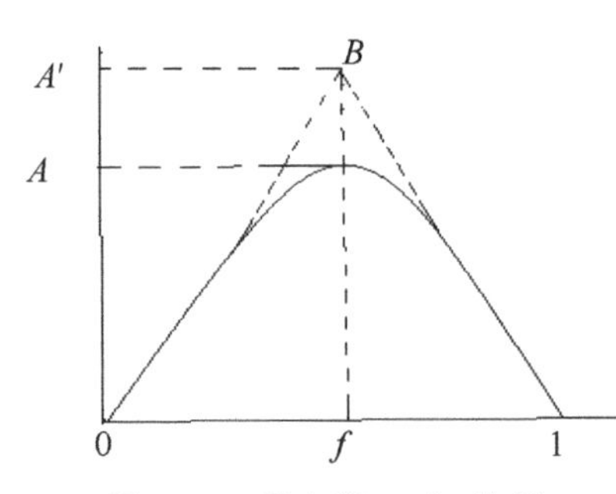

图 14-1　吸光度 A 对 f 作图

若配合物为 ML，从图 14-1 可知，测得的最大吸光度为 A，它略低于延长线交点 B 的吸光度 A'，这是因为配合物有一定程度的解离，A' 为配合物完全不解离时的吸光度值，A' 与 A 之间差别越小，说明配合物越稳定。由此可计算出配合物的稳定常数：

$$K_s = \frac{[ML]}{[M][L]} \tag{14-3}$$

因配合物溶液的吸光度与配合物的浓度成正比，故：

$$\frac{A}{A'}=\frac{[\mathrm{ML}]}{c'} \tag{14-4}$$

式（14-4）中 c' 为配合物完全不解离时的浓度，其值为：

$$c' = c(\mathrm{M}) = c(\mathrm{L})$$

而

$$[\mathrm{M}]=[\mathrm{L}]=c'-[\mathrm{ML}]=c'-c'\frac{A}{A'}=c'[1-\frac{A}{A'}] \tag{14-5}$$

将式（14-4）和式（14-5）代入式（14-3），整理后得：

$$K_s=\frac{A/A'}{[1\text{-}A/A']^2\,c'} \tag{14-6}$$

【仪器与试剂】

仪器：7200 型分光光度计，容量瓶（50mL×7），吸量管（10mL），滴管 1 只。

试剂：0.0100mol · L^{-1} 磺基水杨酸，0.0100mol · L^{-1} 硫酸铁铵溶液，0.1mol · L^{-1} $HClO_4$

【实验步骤】

1. 配制系列溶液　按表14-1，用吸量管吸取 0.0100mol · L^{-1} 的磺基水杨酸溶液和 0.0100mol · L^{-1} 硫酸铁铵溶液于 7 只 50.00mL 容量瓶中，加 0.1mol · L^{-1} $HClO_4$ 稀释至刻度，摇匀，即得不同浓度的磺基水杨酸合铁溶液。

表 14-1　磺基水杨酸合铁溶液配制及吸光度 *A* 测定

实验序号	1	2	3	4	5	6	7
0.0100mol · L^{-1} 磺基水杨酸（mL）	1.00	2.00	3.00	5.00	7.00	8.00	9.00
0.0100mol · L^{-1} 硫酸铁铵溶液（mL）	9.00	8.00	7.00	5.00	3.00	2.00	1.00
0.1mol · L^{-1} $HClO_4$（mL）				40			
A							
$f=\frac{c(\mathrm{M})}{c}$							

2. 配合物吸收曲线的测绘　用步骤 1 中 4 号溶液，以蒸馏水为参比，在波长 400～700nm 范围，每隔 20nm 测一次吸光度，峰值附近每隔 5nm 测量一次，绘制吸收曲线，找出最大吸收波长。

3. 测量系列溶液的吸光度　将步骤 1 配制的溶液，以蒸馏水为参比，在该配合物最大吸收波长处测定系列溶液的吸光度。

【实验记录与结果分析】

磺基水杨酸合铁溶液吸收光谱测定结果记录于表 14-2。

表 14-2　磺基水杨酸合铁溶液吸收光谱测定

λ（nm）	
A	
λ_{max}（nm）	

（1）配合物的组成：以金属离子物质量浓度与总物质量浓度之比为横坐标，吸光度为纵坐标作图，求配合物组成。

吸收光谱：（附图）

（2）求磺基水杨酸合铁的稳定常数。将数据记录于表 14-1、表 14-2 中。

【思考题】

（1）连续变化法测定配合物的稳定常数时，要满足哪些条件？

（2）酸度对测定配合物的组成有什么影响？

实验十五　紫外分光光度法对维生素 B_{12} 的鉴别和含量测定

【目的】

（1）掌握紫外分光光度法定性鉴别维生素 B_{12} 的方法。

（2）掌握以吸收系数法测定物质含量的方法。

【原理】

紫外分光光度法是通过测定被测物质在紫外光区（200～400nm）的特定波长处或一定波长范围内的吸光度，对该物质进行定性和定量分析的方法。

维生素 B_{12} 是含钴有机化合物（分子式：$C_{63}H_{88}CoN_{14}O_{14}P$，$M$=1355.38），为深红色吸湿性结晶，其注射液标示量为 $500\mu g\cdot mL^{-1}$、$100\mu g\cdot mL^{-1}$、$50\mu g\cdot mL^{-1}$ 等。

维生素 B_{12} 的水溶液在 278nm、361nm、550nm 三个波长处有最大吸收，三个波长处的吸光度的比值，作为维生素 B_{12} 定性鉴别的依据。其比值范围分别为：

$$A_{361nm}/A_{278nm}=1.70\sim1.88 \qquad A_{361nm}/A_{550nm}=3.15\sim3.45$$

在 361nm 波长处的吸收强度最大、干扰较少。测定 361nm 波长处的吸光度，根据维生素 B_{12} 的吸收系数（$E_{1cm}^{1\%}$为207），可计算出维生素 B_{12} 的浓度。

$$A_{361nm}=E_{1cm}^{1\%}\cdot b\cdot c \qquad (15\text{-}1)$$

式（15-1）中：$E_{1cm}^{1\%}$ 指在一定波长时，溶液浓度（c）为 1%（$g\cdot mL^{-1}$），液层厚度（b）为 1cm 时的吸光度数值。

测定维生素 B_{12} 注射液的含量，浓度单位应表示为 $\mu g\cdot mL^{-1}$。在计算时，需将浓度单位为 $0.01g\cdot mL^{-1}$ 的吸收系数 $E_{1cm}^{1\%}$361nm=207 换算成浓度单位为 $\mu g\cdot mL^{-1}$ 的吸收系数。即

$$E_{1cm}^{1\%}361nm=\frac{207\times100}{10^6}=207\times10^{-4} \qquad (15\text{-}2)$$

【仪器与试剂】

仪器：754 型-紫外可见分光光度计，容量瓶（10mL），吸量管（1mL）。

试剂：维生素 B_{12} 注射液（$500\mu g\cdot mL^{-1}$）。

【实验步骤】

1. 样品溶液的配制　取维生素 B_{12} 注射液样品 0.50mL，置于 10mL 容量瓶，加蒸馏水稀释至刻度，摇匀。

2. 维生素 B_{12} 定性鉴别　用 1cm 石英比色皿，以蒸馏水作空白（$\mu g\cdot mL^{-1}$），在仪器上找出 278nm、361nm 及 550nm 处的吸收峰，读取吸光度值。重复测定三次，取其平均值。

【实验记录与结果分析】

1. 定性鉴别　计算三个不同波长处的吸光度比值（A_{361nm}/A_{278nm}，A_{361nm}/A_{550nm}），并

与药典规定进行对照。

2. 样品测定 根据 361nm 处测定的吸光度，浓度单位为 μg · mL^{-1} 的吸收系数，及注射液稀释倍数，计算注射液样品中维生素 B_{12} 的含量（μg · mL^{-1}）。

$$c_{样维生素B_{12}} = \frac{A}{E_{1cm}^{1ppm}361nm} = \frac{A}{207 \times 10^{-4}} = A \times 48.31(ppm) \tag{15-3}$$

则维生素 B_{12} 注射液：$c_{原}= A \times 48.31 \times 20$（稀释倍数）（μg · mL^{-1}）

【思考题】

（1）测定前应先在仪器上找出三个最大吸收峰的确切位置，意义何在？

（2）如果取注射液 2mL 用水稀释 15 倍，在 361nm 处测得 A 值为 0.698，试计算注射液每 mL 含维生素 B_{12} 多少 μg？

第六章　化 学 原 理

实验十六　化学反应速率与活化能的测定

【目的】

（1）掌握浓度、温度、催化剂对化学反应速率的影响。

（2）通过化学反应速率的测定，计算反应的级数及活化能。

【原理】

在水溶液中过二硫酸铵（NH_4）$_2S_2O_8$ 氧化 KI 的反应如下：

$$(NH_4)_2S_2O_8 + 2KI \xlongequal{\quad} (NHl)_2SO_4 + K_2SO_4 + I_2$$

$$S_2O_8^{2-} + 2I^- \xlongequal{\quad} 2SO_4^{2-} + I_2 \qquad (16\text{-}1)$$

其反应的平均速率可以表示为：

$$\overline{v} = \frac{-\Delta c(S_2O_8^{2-})}{\Delta t} = kc^{\alpha}(S_2O_8^{2-})c^{\beta}(I^-)$$

为了测定反应速率，必须测定在 Δt 时间内的 $\Delta c(S_2O_8^{2-})$。用淀粉作指示剂，在过二硫酸铵与碘化钾溶液混合前，先加入一定体积已知浓度的硫代硫酸钠溶液和淀粉溶液，由反应（16-1）生成的 I_2 立即与 $Na_2S_2O_3$ 反应生成无色的连四硫酸根 $S_4O_6^{2-}$ 和 I^-：

$$2S_2O_3^{2-} + I_2 \xlongequal{\quad} S_4O_6^{2-} + 2I^- \qquad (16\text{-}2)$$

反应（16-2）的速率比反应（16-1）大得多，所以溶液中只要有 $Na_2S_2O_3$ 存在时，反应生成的 I_2 就会被立刻消耗掉，淀粉溶液不变色。而当 $Na_2S_2O_3$ 耗尽时，反应（16-1）生成的 I_2 立即与淀粉作用，使溶液变为蓝色。记录从反应溶液开始混合到溶液变为蓝色的时间 Δt。

由反应（16-1）和反应（16-2）可知，c（$S_2O_8^{2-}$）减少的量为 c（$S_2O_3^{2-}$）减少量的一半。由于 Δt 内 $Na_2S_2O_3$ 完全耗尽，Δc（$S_2O_3^{2-}$）就是起始浓度的相反数，由 $\overline{v} = \dfrac{-\Delta c(S_2O_8^{2-})}{\Delta t} = \dfrac{c_0(S_2O_3^{2-})}{2\Delta t}$ 可求出反应速率。

对 $\overline{v} = kc^{\alpha}(S_2O_8^{2-})c^{\beta}(I^-)$ 两边取对数，可得

$$\lg\overline{v} = \lg k + \alpha\lg c(S_2O_8^{2-}) + \beta\lg c(I^-)$$

当 $c(I^-)$ 浓度不变时，$\lg\overline{v} \sim \lg c(S_2O_8^{2-})$ 作图，得一直线，斜率 α 为相对于 $c(S_2O_8^{2-})$ 的反应级数。同理当 $c(S_2O_8^{2-})$ 不变时，以 $\lg\overline{v} \sim \lg c(I^-)$ 作图，得一直线，其斜率 β 为相对于 $c(I^-)$ 的反应级数。根据 α、β 可计算出反应的总级数 $\alpha+\beta$。同样根据 α、β 由速率方程式

$\overline{v} = kc^{\alpha}(S_2O_8^{2-})c^{\beta}(I^-)$ 可求得一定温度下的反应速率常数 k。

在实验中为了使溶液的离子强度和总体积不变，在实验中缺少的 KI 或 $(NH_4)_2S_2O_8$ 的量分别用 KNO_3 或 $(NH_4)_2SO_4$ 溶液补足。

当浓度不变、温度变化时，根据 Arrhenius 公式：

$$\lg k = A - \frac{E_a}{2.303RT}$$

$$\lg \frac{k_2}{k_1} = \frac{E_a(T_2 - T_1)}{2.303RT_2T_1}$$

式中 A 为本反应的指前因数，R 为气体常数，T 为热力学温度，E_a 为反应的活化能。

温度对反应速率的影响可定量地描述。根据 $\lg k = A - \dfrac{E_a}{2.303RT}$ 求得不同温度下的 k 值，以 $\lg k \sim \dfrac{1}{T}$ 作图，可以得到一直线，由斜率 $-\dfrac{E_a}{2.303RT}$ 可求出反应的活化能 E_a。

在反应中加入 $Cu(NO_3)_2$ 作为催化剂，改变了反应历程，反应的活化能减小，所以反应速率增大。

【仪器与试剂】

仪器：指型反应管，吸量管（10mL），温度计，秒表。

试剂：$0.20mol \cdot L^{-1}$ $(NH_4)_2S_2O_8$，$0.20mol \cdot L^{-1}$ KI，$0.010\ mol \cdot L^{-1}$ $Na_2S_2O_3$，$2g \cdot L^{-1}$ 淀粉，$0.20mol \cdot L^{-1}$ KNO_3，$0.20mol \cdot L^{-1}$ $(NH_4)_2SO_4$，$0.020mol \cdot L^{-1}$ $Cu(NO_3)_2$。

【实验步骤】

1. 浓度对化学反应速率的影响 按照表 16-1 中的实验组 1 的用量，先用吸量管吸取 $0.20mol \cdot L^{-1}$ $(NH_4)_2S_2O_8$ 加入支管中。然后分别用专用的吸量管吸取 $0.20mol \cdot L^{-1}$ KI，$0.010mol \cdot L^{-1}$ $Na_2S_2O_3$，$2g \cdot L^{-1}$ 淀粉，$0.20mol \cdot L^{-1}$ KNO_3，$0.20mol \cdot L^{-1}$ $(NH_4)_2SO_4$ 各溶液，分别加入指型反应管主管中，混匀。快速将 $(NH_4)_2S_2O_8$ 溶液混入到反应管主管中，同时开启秒表计时，并不断摇动溶液，当溶液刚刚开始出现蓝色时，停表，记录反应所需的时间及反应温度。

用同样的方法按表 16-1 的用量完成表 16-1 中的实验组 2，3，4，5。

表 16-1 浓度对化学反应速率的影响

实验序号（用量为 mL）	1	2	3	4	5
$0.20mol \cdot L^{-1}$ KI	10.0	10.0	10.0	5.0	2.5
$0.010\ mol \cdot L^{-1}$ $Na_2S_2O_3$	8.0	8.0	8.0	8.0	8.0
$2g \cdot L^{-1}$ 淀粉	4.0	4.0	4.0	4.0	4.0
$0.20mol \cdot L^{-1}$ KNO_3	0	0	0	5.0	7.5
$0.20mol \cdot L^{-1}$ $(NH_4)_2SO_4$	0	5.0	7.5	0	0
$0.20mol \cdot L^{-1}$ $(NH_4)_2S_2O_8$	10.0	5.0	2.5	10.0	10.0

通过表 16-1 的实验数据可计算出反应的平均速率。根据 1～3 组的数据作出 $\lg\overline{v} \sim \lg c(S_2O_8^{2-})$ 的曲线，从而求出相对于 $S_2O_8^{2-}$ 的反应级数 α。同理，用 3～5 组的数据作

出 $\lg\bar{v} \sim \lg c$（I^-）的曲线，从而求出相对于 I^- 的反应级数 β。最后从以上的处理结果可求出反应速率常数 k 。

2. 温度对化学反应速率的影响 表 16-2 中实验组 1 的数据实际上就是表 16-1 中实验组 4 的数据。按表 16-2 中各溶液的用量，将溶液分别加入到指型反应管的主管和支管中，将反应管分别放入室温+10℃、室温+20℃的水浴中（具体温度由水浴温度读出），恒温 10min。在水浴中快速混合，同时开启秒表计时，此时反应管仍留在水浴中，并不断摇动，当溶液刚刚开始出现蓝色时，停表，记录反应所需的时间及反应的准确温度。

表 16-2 温度对化学反应速率的影响

实验序号（用量为 mL）	1（室温）	2（室温+10℃）	3（室温+20℃）
$0.20 mol \cdot L^{-1}$ KI	5.0	5.0	5.0
$0.010 mol \cdot L^{-1} Na_2S_2O_3$	8.0	8.0	8.0
$2g \cdot L^{-1}$ 淀粉	4.0	4.0	4.0
$0.20 mol \cdot L^{-1} KNO_3$	5.0	5.0	5.0
$0.20 mol \cdot L^{-1} (NH_4)_2SO_4$	0	0	0
$0.20 mol \cdot L^{-1} (NH_4)_2S_2O_8$	10.0	10.0	10.0

注：表 16-2 中实验组 1 与表 16-1 中实验组 4 相同

根据 $\lg k = A - \dfrac{E_a}{2.303RT}$ 求得不同温度下的 k 值，以 $\lg k \sim \dfrac{1}{T}$ 作图，可以得到一直线，由斜率 $-\dfrac{E_a}{2.303RT}$ 可求出反应的活化能 E_a。也可由公式 $\lg\dfrac{k_2}{k_1} = \dfrac{E_a(T_2 - T_1)}{2.303RT_2T_1}$ 计算活化能。

3. 催化剂对化学反应速率的影响 Cu^{2+} 可以催化上述反应，加入微量 $Cu(NO_3)_2$ 可以使反应速率大大加快。

表 16-3 催化剂对化学反应速率的影响

实验序号（用量为 mL）	1	2
$0.20 mol \cdot L^{-1}$ KI	5.0	5.0
$0.010 mol \cdot L^{-1} Na_2S_2O_3$	8.0	8.0
$2g \cdot L^{-1}$ 淀粉	4.0	4.0
$0.20 mol \cdot L^{-1} KNO_3$	5.0	5.0
$0.20 mol \cdot L^{-1} (NH_4)_2SO_4$	0	0
$0.20 mol \cdot L^{-1} (NH_4)_2S_2O_8$	10.0	10.0
$0.020 mol \cdot L^{-1} Cu(NO_3)_2$	0	2 滴

注：表 16-3 中实验组 1 与表 16-1 中实验组 4 相同

【思考题】

（1）KI、$Na_2S_2O_3$、淀粉溶液与 $(NH_4)_2S_2O_8$ 溶液混合时，为什么越快越好？

（2）本实验中 $Na_2S_2O_3$ 的用量过多或过少，对实验结果有何影响？

（3）本实验中溶液出现蓝色时，反应是否已经停止了？

（4）影响化学反应速率的因素有哪些？请指出反应物浓度的增加和温度的升高对化学反应速率影响的根本原因。

Experiment 16: Determination of the Rate of Chemical Reaction and Activation Energy

[Purposes]

(1) To grasp the effects of the concentration, temperature, and catalyst on the rate of chemical reaction.

(2)To determinate the rate of chemical reaction that($(NH_4)_2S_2O_8$ oxidize KI, and to calculate the reaction order and activation energy of the reaction.

[Principles]

In a solution of $(NH_4)_2S_2O_8$ and KI, the following redox reaction takes place:

$$(NH_4)_2S_2O_8 + 2KI \rightleftharpoons (NH_4)_2SO_4 + K_2SO_4 + I_2$$

Or

$$S_2O_8^{2-} + 2I^- \rightleftharpoons 2SO_4^{2-} + I_2 \qquad (16\text{-}1)$$

In a certain temperature, the average rate of the reaction is:

$$\bar{v} = \frac{-\Delta c(S_2O_8^{2-})}{\Delta t} = kc^{\alpha}(S_2O_8^{2-})c^{\beta}(I^-)$$

In order to determinate v, we should determinate the change of the concentration of $S_2O_8^{2-}$ (that is $\Delta c(S_2O_8^{2-})$) in a time interval Δt.We use a starch solution as an indicator. We previously add certain volume starch and $Na_2S_2O_3$ with accurately known concentration to the solution derived from the KI mixed with $(NH_4)_2S_2O_8$ solutions. Then I_2 released from the reaction (16-1) immediately react with $Na_2S_2O_3$ to form the colorless $S_4O_6^{2-}$ and I^- ions:

$$2S_2O_3^{2-} + I_2 \rightleftharpoons S_4O_6^{2-} + 2I^- \qquad (16\text{-}2)$$

The rate of reaction (16-2) is much faster than the rate of reaction (16-1). As the $Na_2S_2O_3$ was consumed completely, the I_2 released from the reaction (16-1) immediately react with the starch to turn the color of the solution into blue. Compare reaction (16-1) with (16-2), 1mol $S_2O_8^{2-}$ must have consumed 2mol $S_2O_3^{2-}$.

The initial concentration of $Na_2S_2O_3$ is $\Delta c(S_2O_3^{2-})$ because the $Na_2S_2O_3$ was consumed completely during the Δt. In the experiment, we record the time interval Δt from the beginning of the reaction to the moment that the color of the solution turns into blue. The rate of the reaction can be calculated from $\bar{v} = \frac{-\Delta c(S_2O_8^{2-})}{\Delta t} = \frac{c_0(S_2O_3^{2-})}{2\Delta t}$.

The experiment has proved that the rate of the reaction (16-1) is

$$\bar{v} = kc^{\alpha}(S_2O_8^{2-})c^{\beta}(I^-)$$

Take logarithm to both side of $\bar{v} = kc^{\alpha}(S_2O_8^{2-})c^{\beta}(I^-)$, we have

$$\lg\bar{v} = \lg k + \alpha \lg c(S_2O_8^{2-}) + \beta \lg c(I^-)$$

When $c(I^-)$ is kept constant, the plot of $\lg v$ versus $\lg c(S_2O_8^{2-})$ is a straight line. The slope of the line α is the reaction order of $c(S_2O_8^{2-})$. Similarly when $c(S_2O_8^{2-})$ is kept constant, the plot of $\lg v$ versus $\lg c(I^-)$ is also a straight line and its slope β is the reaction order of $c(I^-)$. The total reaction order ($\alpha + \beta$) can be calculated from α and β. When we know α and β, the constant k of the reaction rate at a given temperature can be determined from reaction rate equation: $\bar{v} = kc^{\alpha}(S_2O_8^{2-})c^{\beta}(I^-)$.

When the concentrations of all species in a reaction are kept constant, the effect of temperature on reaction rate constant can be determined. From Arrhenius equation:

$$\lg k = A - \frac{E_a}{2.303RT}$$

$$\lg\frac{k_2}{k_1} = \frac{E_a(T_2 - T_1)}{2.303RT_2T_1}$$

The effect of temperature on rate of reaction can be quantitatively determined. Based on $\lg k = A - \frac{Ea}{2.303RT}$, we can find values of k under different temperatures. Plot $\lg k$ versus $\frac{1}{T}$ yields a straight line. The activation energy of the reaction can be determined from the slope $(-\frac{Ea}{2.303RT})$ of the line. In the equation, A is a constant unique to the reaction, R is the gas constant, T is the absolute temperature, and E_a is the activation energy of the reaction.

[Apparatus and reagents]

Apparatus: finger-shape reaction tube, measuring cylinder (10mL×5) or measuring pipet (10mL×5), test tubes, thermometer, water bath kettle, stopwatch.

Reagents: 0.20mol · L^{-1}($(NH_4)_2S_2O_8$ solution, 0.20mol · L^{-1} KI solution, 0.010 mol · L^{-1} $Na_2S_2O_3$ solution, 2g · L^{-1} starch solution, 0.20mol · L^{-1} KNO_3 solution, 0.20mol · L^{-1} $(NH_4)_2SO_4$ solution, 0.020mol · L^{-1} $Cu(NO_3)_2$ solution.

[Procedures]

1. The effects of concentration on the rate of reaction

Firstly measure out 10.00mL 0.20mol · L^{-1} KI, 8.00mL 0.010 mol · L^{-1} $Na_2S_2O_3$, 4.00mL 2g · L^{-1} starch with the aid of three different 10.00mL measuring pipet respectively, and place them into the main tube of the finger-shape reaction tube. Measure out 10.00mL 0.20mol · L^{-1}

$(NH_4)_2S_2O_8$ by a 10.00mL measuring pipet, and place them into the branch of the finger-shape reaction tube. Mix the solution from branch into main tube. Then, start the stopwatch and stir the mixture of the finger-shape reaction tube. Finally stop the stopwatch and record the Δt and room temperature as soon as the color of the solution turns into blue.

According to the Table 16-1, please finish the experiment No.2, No.3, No.4 and No.5 in the same way with the experiment No.1.

Table 16-1 The effect of concentration on the rate of reaction

Date: Room temperature:

Experiment No. (in mL)	1	2	3	4	5
$0.20mol \cdot L^{-1}$ KI	10.0	10.0	10.0	5.0	2.5
$0.010\ mol \cdot L^{-1}\ Na_2S_2O_3$	8.0	8.0	8.0	8.0	8.0
$2g \cdot L^{-1}$ starch	4.0	4.0	4.0	4.0	4.0
$0.20mol \cdot L^{-1}\ KNO_3$	0	0	0	5.0	7.5
$0.20mol \cdot L^{-1}\ (NH_4)_2SO_4$	0	5.0	7.5	0	0
$0.20mol \cdot L^{-1}\ (NH_4)_2S_2O_8$	10.0	5.0	2.5	10.0	10.0

The average reaction rate can be calculated by the data of Table 16-1.

The reaction order for αand βalso can be get respectively by using the data of experiment No.1—3 and experiment No.3—5 in the Table 16-1 to plot the diagrams of lg$v$ versus $\lg c(S_2O_8^{2-})$ and lg$v$ versus $\lg c(I^-)$. According to the result above we finally can obtain reaction rate constant k.

2. The effects of temperature on the rate of reaction

Here, the experiment No.1 in the Table 16-2 is actually the experiment No.2 in the Table 16-1. According to the Table 16-2. Firstly measure out 5.00mL $0.20mol \cdot L^{-1}$ KI, 8.00mL 0.010 $mol \cdot L^{-1}\ Na_2S_2O_3$, 4.00mL $2g \cdot L^{-1}$ starch, 5.00mL $0.20mol \cdot L^{-1}\ KNO_3$ with the aid of four different 10.00mL measuring pipet respectively, and place them into the main tube of the finger-shape reaction tube. Measure out 10.00mL $0.20mol \cdot L^{-1}$ $(NH_4)_2S_2O_8$ by a 10.00mL measuring pipet, and place them into the branch of the finger-shape reaction tube. Then put the finger-shape reaction containing the solution in 10℃ higher than the room temperature water bath kettle about 10min and mix the solution from branch into main tube. Then, start the stopwatch and stir the mixture of the finger-shape reaction tube. Finally stop the stopwatch and record the Δt and room temperature as soon as the color of the solution turns into blue.

Repeat another experiment in the same way when the temperature is 20℃ higher than the room temperature.

According to data of Table 16-2 and equation of $\lg k = A - \frac{E_a}{2.303RT}$ and $\lg\frac{k_2}{k_1} = \frac{E_a(T_2 - T_1)}{2.303RT_2T_1}$, we can get the reaction rate v and reaction constant k under different temperatures and the activation energy of the reaction E_a through plotting diagram of lg$k$ versus $1/T$.

Table 16-2 The effect of temperature on the rate of reaction

Date: Room temperature:

Experiment No.（in mL）	1	2	3
Temperature（℃）	Room temperature	10℃+Room temperature	20℃+Room temperature
0.20mol · L^{-1} KI	5.0	5.0	5.0
0.010 mol · L^{-1} $Na_2S_2O_3$	8.0	8.0	8.0
2g · L^{-1} starch	4.0	4.0	4.0
0.20mol · L^{-1} KNO_3	5.0	5.0	5.0
0.20mol·L^{-1}（NH_4）$_2SO_4$	0	0	0
0.20mol ·L^{-1}（NH_4）$_2S_2O_8$	10.0	10.0	10.0

3. The Effect of Catalyst on the Rate of the Reaction

Cu^{2+} ions can catalyse the reaction（16-1）mentioned above. The rate of the reaction can increase rapidly with the addition of trace Cu^{2+} ions. According to the No.2 group experiment listed in the Table 16-3 to do this experiment. Here, add 2 drops 0.020mol · L^{-1} Cu（NO_3）$_2$ as catalyst before mix （NH_4）$_2S_2O_8$ to the main tube .

According to the results of the experiment, please discuss the effects of concentration, temperature and catalyst on the rate of the reaction respectively.

Table 16-3 The effect of catalyst on the rate of reaction

Date: Room temperature:

Experiment No.（in mL）	1	2
0.20mol · L^{-1} KI	5.0	5.0
0.010 mol · L^{-1} $Na_2S_2O_3$	8.0	8.0
2g · L^{-1} starch	4.0	4.0
0.20mol · L^{-1} KNO_3	5.0	5.0
0.20mol · L^{-1}（NH_4）$_2SO_4$	0	0
0.20mol · L^{-1}（NH_4）$_2S_2O_8$	10.0	10.0
0.020mol · L^{-1} Cu（NO_3）$_2$	0	2 drops

[Questions]

（1）When KI, $Na_2S_2O_3$ and starch solution are mixed with（NH_4）$_2S_2O_8$solution, why the faster the better?

（2）What are the effects on the results of this experiment as the amount of $Na_2S_2O_3$ is too much or too small?

（3）Does the reaction really stop when the mixing solution turns blue?

（4）What factors effects the rate of the chemical reaction? Please discuss the general effect of increasing concentration of reactants and increasing temperature on reaction rate.

实验十七　氧化还原与电极电势

【目的】

（1）了解电极电势与氧化还原反应方向的关系，以及介质和反应物浓度对氧化还原反应的影响。

（2）了解原电池的组成及其电动势的粗略测定。

（3）了解氧化态物质或还原态物质的浓度变化对电极电势的影响。

【原理】

元素的氧化值发生变化的化学反应称为氧化还原反应。氧化剂、还原剂的氧化还原能力的强弱，可用它们所组成的电对的电极电势的相对大小来衡量。一个电对的电极电势越大，则氧化态物质的氧化能力越强，其还原态物质的还原能力越弱；反之亦然。电极电势较大的电对的氧化态物质，能氧化电极电势较小的电对的还原态物质。因此，根据电极电势的相对大小，就可以判断氧化还原反应进行的方向。

浓度与电极电势的关系，可用 Nernst 方程式表示如下：

$$\varphi = \varphi^{\ominus} + \frac{RT}{zF}\ln\frac{c_{\text{氧化态}} / c^{\ominus}}{c_{\text{还原态}} / c^{\ominus}}$$

氧化态物质浓度或还原态物质浓度的变化，都会改变电对的电极电势。特别是有沉淀剂或配合剂存在，能显著降低氧化态物质或还原态物质的浓度时，甚至可以改变氧化还原反应的方向。

在有些电极反应（特别是有含氧酸根离子参加的电极反应）中，H^+离子的氧化值虽然没有变化，却参与了电极反应。这样，介质的酸度也会对电极电势产生影响。例如，对于电极反应：

$$Cr_2O_7^{2-} + 14H^+ + 6e^- \rightleftharpoons 2Cr^{3+} + 7H_2O$$

Nernst 方程式为：

$$\varphi=\varphi^{\ominus} + \frac{RT}{6F}\ln\frac{[c(Cr_2O_7^{2-})/c^{\ominus}][c(H^+)/c^{\ominus}]^{14}}{[c(Cr^{3+})/c^{\ominus}]^2}$$

H^+离子浓度增大，可使 $K_2Cr_2O_7$ 氧化能力增强。由于 H^+离子浓度项的指数很大，H^+离子浓度甚至可成为电极电势的决定因素。

单一电极的电极电势是无法测量的，只能从实验中测量两个电极所组成的原电池的电动势。原电池的电动势等于正负两极的电极电势的差值：

$$E = \varphi_+ - \varphi_-$$

若规定 $\varphi^{\ominus}(H^+/H_2) = 0V$，然后测量由标准氢电极和另一标准电极组成的一系列原电池的标准电动势，就能直接或间接测量出一系列电对的标准电极电势。用伏特计可粗略地测得原电池的电动势（此时，测量过程中有电流通过），要准确地测量原电池的电动势，需用对消法（测量过程中无电流通过）。本实验中，只是为了定性比较电极电势的相对大小，只需知道其相对数值，所以用伏特计进行测量。

【仪器与试剂】

仪器：试管，烧杯（50mL），表面皿，酒精灯，玻璃棒，石棉网，铁架台，伏特计，微安表，盐桥，开关，导线，电极（锌片，铜片，铁片，碳棒），砂纸。

试剂：HCl（浓），HNO_3（浓，2mol · L^{-1}），H_2SO_4（3mol · L^{-1}），NaOH（10mol · L^{-1}，6mol · L^{-1}），NH_3（浓），NH_4F（s），Pb（NO_3）$_2$（0.5mol · L^{-1}），$CuSO_4$（0.5mol · L^{-1}），$ZnSO_4$（0.5mol · L^{-1}），KI（0.1mol · L^{-1}），$FeCl_3$（0.1mol · L^{-1}），CCl_4（l），$FeSO_4$（1mol · L^{-1}，0.1mol · L^{-1}），$K_2Cr_2O_7$（1mol · L^{-1}），$KMnO_4$（0.001mol · L^{-1}），KBr（0.1mol · L^{-1}），$NH_4Fe(SO_4)_2$（0.1mol · L^{-1}），$(NH_4)_2SO_4 \cdot FeSO_4$（0.1mol · L^{-1}），Na_3AsO_3（0.1mol · L^{-1}），Na_3AsO_4（0.1mol · L^{-1}），CCl_4（s），Na_2SO_3（0.1mol · L^{-1}），HAc（6mol · L^{-1}），溴水，碘水，锌粒，铅粒，红色石蕊试纸。

【实验步骤】

1. 电极电势与氧化还原反应

（1）在分别盛有 2mL 0.5mol · L^{-1} Pb（NO_3）$_2$ 溶液和 0.5mol · L^{-1} $CuSO_4$ 溶液的 2 支试管中，各放入几粒表面擦净的锌粒，观察锌粒表面和溶液的颜色有无变化。

用表面擦净的铅粒代替锌粒，分别与 0.5mol · $L^{-1}$$ZnSO_4$ 溶液和 0.5mol · $L^{-1}$$CuSO_4$ 溶液反应，观察有无变化。

根据实验结果，确定 Zn、Pb、Cu 在电势序中的位置。

（2）往试管中加入 0.5mL0.1mol · L^{-1} KI 溶液和 2 滴 0.1mol · L^{-1} $FeCl_3$溶液，摇匀后加入 0.5mL CCl_4（l），充分振荡，观察 CCl_4 层颜色有无变化（I_2 溶于 CCl_4 中显紫红色）。

用 0.1mol · L^{-1} KBr 溶液代替 0.1mol · L^{-1} KI 溶液进行同样的实验，观察 CCl_4 层颜色有无变化（Br_2 溶于 CCl_4 中显棕黄色。）

根据实验结果，比较 $\varphi(Br_2 / Br^-), \varphi(I_2 / I^-), \varphi(Fe^{3+} / Fe^{2+})$ 的相对大小。并指出上述 3 个电对中，哪种物质是最强的氧化剂，哪种物质是最强的还原剂。

（3）仿照上面实验，分别用碘水和溴水与 0.1mol · L^{-1} $FeSO_4$溶液反应，观察 CCl_4 层颜色有无变化，判断反应能否进行。写出有关的反应方程式，并说明电极电势与氧化还原反应方向的关系。

2. 浓度对电极电势的影响 在 2 只 50mL 小烧杯中，分别加入 30mL0.5mol · L^{-1} $ZnSO_4$ 溶液和 0.5mol · L^{-1} $CuSO_4$ 溶液。在 $ZnSO_4$ 溶液中插入锌片，在 $CuSO_4$ 溶液中插入铜片，组成 2 个电极，中间以盐桥相连。通过导线将铜电极和锌电极分别与伏特计的正极和负极相接，测量两电极之间的电势差。

取下盛有 $CuSO_4$ 溶液的烧杯，在其中加入浓氨水，至生成的沉淀完全溶解为止，形成深蓝色的溶液：

$$Cu^{2+} + 4NH_3 \rightleftharpoons [Cu(NH_3)_4]^{2+}$$

测量两电极之间的电势差，电势差有何变化？

在 $ZnSO_4$ 溶液中加浓氨水，至生成的沉淀完全溶解为止：

$$Zn^{2+} + 4NH_3 \rightleftharpoons [Zn(NH_3)_4]^{2+}$$

再测量两电极之间的电势差，其值又有何变化？利用 Nernst 方程解释上述实验现象。

3. 酸度对电极电势的影响 在 2 只 50mL 的小烧杯中，分别加入 30mL1mol · L^{-1} $FeSO_4$ 和 1mol · L^{-1} $K_2Cr_2O_7$ 溶液。在 $FeSO_4$ 溶液中放入铁片，在 $K_2Cr_2O_7$ 溶液中插入碳棒，将铁片和碳棒通过导线分别与伏特计的负极和正极相接，中间以盐桥相通，测量两电极之间的电势差。

在 $K_2Cr_2O_7$ 溶液中慢慢加入 3mol · L^{-1} H_2SO_4 溶液，观察电势差有何变化？在 $K_2Cr_2O_7$ 溶液中逐渐加入 6mol · L^{-1} NaOH 溶液，观察电势差又有何变化？

4. 浓度对氧化还原产物的影响 往 2 支各放有 1 粒锌粒的试管中，分别加入 2mL 浓 HNO_3 和 2 mol · L^{-1} HNO_3 溶液，观察所发现的现象。它们的反应产物有何不同？浓 HNO_3 被还原后的主要产物，可通过观察气体产物的颜色来判断；稀 HNO_3 的还原产物，可利用检验溶液中是否有 NH_4^+ 离子生成的方法来确定。

5. 酸度对氧化还原产物的影响 在 3 支试管中，各加入 0.5mL0.1 mol · L^{-1} Na_2SO_3 溶液，在第一支试管中加入 0.5mL 1 mol · L^{-1} H_2SO_4 溶液，在第二支试管中加入 0.5mL 水，在第三支试管中加入 0.5mL 6mol · L^{-1} NaOH 溶液，然后往 3 支试管中各滴入几滴 0.001mol · L^{-1} $KMnO_4$ 溶液，观察反应产物有何不同？写出反应方程式。

6. 浓度对氧化还原反应方向的影响

（1）往盛有 2mL 水和 1mL CCl_4 的试管中，加入 2mL0.1 mol · L^{-1} $NH_4Fe(SO_4)_2$ 溶液，再加入 2mL0.1 mol · L^{-1} KI 溶液振荡后观察 CCl_4 层的颜色。

（2）往盛有 2mL 0.1mol · L^{-1} $(NH_4)_2SO_4 \cdot FeSO_4$ 溶液和 1mL CCl_4 的试管中，加入 2mL 0.1 mol · L^{-1} $NH_4Fe(SO_4)_2$ 溶液，再加入 2mL0.1 mol · L^{-1} KI 溶液，振荡后观察 CCl_4 层的颜色与上面实验中有无不同。

（3）往盛有 2mL0.1mol · L^{-1} $NH_4Fe(SO_4)_2$ 溶液和 2mL0.1mol · L^{-1} KI 溶液的试管中，加入 1mL CCl_4，摇匀后，观察 CCl_4 层的颜色。再往试管中加入少许 NH_4F 固体，振荡试管，观察 CCl_4 层的颜色。

用化学平衡移动的观点解释上述实验现象。

7. 酸度对氧化还原反应方向的影响 将 10mL 0.1mol · L^{-1} Na_2SO_3 溶液和 10mL 0.1mol · L^{-1} Na_3AsO_4 溶液混合在 1 只 50mL 的小烧杯中，在另一只小烧杯中混合 10mL 0.1mol · L^{-1} KI 溶液和 10mL 0.01 mol · L^{-1} I_2 溶液。在每一只小烧杯中各插入一碳棒，以盐桥相连，用导线把原电池与微安表连接。利用指针的偏转，了解化学反应方向的改变，在 Na_2SO_3 和 Na_3AsO_4 的混合溶液中逐滴滴入浓盐酸，观察微安表指针的移动；再在该混合溶液中滴入 10 mol · L^{-1} NaOH 溶液，观察电流方向的改变。

8. 酸度对氧化还原反应速率的影响 在 2 支各盛有 0.1 mol · L^{-1} KBr 溶液的试管中，分别加入 0.5mL 3mol · L^{-1} H_2SO_4 溶液和 6mol · L^{-1} HAc 溶液，然后各加入 2 滴 0.001mol · L^{-1} $KMnO_4$ 溶液，观察并比较 2 支试管中紫红色褪去的快慢等现象，分别写出反应方程式。

【思考题】

（1）本实验中伏特计上读数是原电池的电动势吗？其数值是否可以作为比较电极电势大小的依据？

（2）通过本实验归纳出影响电极电势的因素，是怎样影响的？

（3）即使在 Fe^{3+}离子的浓度很大的酸性溶液中，仍然不能抑制 MnO_4^- 和 Fe^{2+}之间的反应，这与氧化还原反应是可逆反应的说法有无矛盾？

（4）本实验中，哪个实验能说明浓度对反应速率的影响？是如何影响的？

实验十八　配位化合物的生成和性质

【目的】

（1）了解配离子与简单离子的区别。

（2）比较配离子的相对稳定性，了解配位平衡与沉淀反应、氧化还原反应和溶液酸度的关系。

（3）了解螯合物的形成。

【原理】

配合物一般可分为内界和外界两个部分，配位分子除外。中心原子和配体组成配合物的内界（即配位个体），它几乎已经失去了中心原子原有的性质；与内界带有相反电荷的离子处于外界，它们仍保留着原有的性质。

中心原子形成配合物或配离子后，一系列性质都会发生改变，如颜色、溶解度、氧化性和还原性等都发生变化。

配离子在水溶液中存在配合-解离平衡。例如，$[Ag(NH_3)_2]^+$配离子在水溶液中存在下述平衡：

$$Ag^+ + 2NH_3 \rightleftharpoons [Ag(NH_3)_2]^+$$

$$K_s[Ag(NH_3)_2^+] = \frac{[Ag(NH_3)_2^+]/c^\ominus}{\{[Ag^+]/c^\ominus\}\{[NH_3]/c^\ominus\}^2}$$

式中，$K_s[Ag(NH_3)_2^+]$为$[Ag(NH_3)_2]^+$配离子的稳定常数。不同的配离子具有不同的稳定常数，对于配体个数相同的配离子，稳定常数越大，配离子就越稳定。

根据平衡移动原理，改变中心原子或配体的浓度，会使配位平衡发生移动。加入某些沉淀剂、改变溶液的浓度或改变溶液的酸度等，配位平衡都会发生移动。

螯合物是由中心原子与多齿配体形成的具有环状结构的配合物。许多金属离子所形成的螯合物具有特征的颜色，且难溶于水，而易溶于有机溶剂中。

例如：丁二酮肟在弱碱性条件下与Ni^{2+}离子生成鲜红色难溶于水的螯合物：

$$Ni^{2+} + 2\begin{matrix}CH_3-C{=}NOH\\ |\\ CH_3-C{=}NOH\end{matrix} \longrightarrow \begin{matrix} & O\cdots H\cdots O & \\ & \uparrow \qquad\quad | & \\ CH_3-C{=}N & & N{=}C-CH_3\\ | \qquad\quad & Ni & \qquad\quad |\\ CH_3-C{=}N & & N{=}C-CH_3\\ & | \qquad\quad \downarrow & \\ & O\cdots H\cdots O & \end{matrix}$$

【仪器与试剂】

仪器：试管，试管架，试管刷。

试剂：$CuSO_4$（$0.1mol\cdot L^{-1}$），NH_3（$6mol\cdot L^{-1}$，$2mol\cdot L^{-1}$，$0.1mol\cdot L^{-1}$），无水乙醇，$HgCl_2$（$0.1\ mol\cdot L^{-1}$），$NiSO_4$（$0.2\ mol\cdot L^{-1}$），KI（$0.1mol\cdot L^{-1}$），$BaCl_2$（$0.1mol\cdot L^{-1}$），

NaOH（$0.1mol \cdot L^{-1}$），$FeCl_3$（$0.1mol \cdot L^{-1}$），KSCN（$1mol \cdot L^{-1}$，$0.1 mol \cdot L^{-1}$），$K_3[Fe(CN)_6]$（$0.1mol \cdot L^{-1}$），$AgNO_3$（$0.1mol \cdot L^{-1}$），KBr（$0.1 mol \cdot L^{-1}$），$Na_2S_2O_3$（$0.1mol \cdot L^{-1}$），$CoCl_2$（$0.1 mol \cdot L^{-1}$），H_2SO_4（$2 mol \cdot L^{-1}$），EDTA（$0.1 mol \cdot L^{-1}$），丁二酮肟（$10g \cdot L^{-1}$）。

【实验步骤】

1. 配离子的生成和配合物的组成

（1）在试管中加入约 1mL $0.1mol \cdot L^{-1}$ $CuSO_4$溶液，再逐滴滴入 $2mol \cdot L^{-1}$ NH_3溶液，观察有无变化？写出方程式。取出约 1mL 溶液，加入另一支试管中，然后再向试管中加入 1mL 无水乙醇，又有什么现象发生？解释这种现象。

（2）在试管中滴入几滴 $0.1mol \cdot L^{-1}$ $HgCl_2$溶液（极毒），逐滴滴加 $0.1 mol \cdot L^{-1}$ KI 溶液，观察红色沉淀的生成，再继续滴加过量的 KI 溶液，观察沉淀的溶解。写出反应方程式。

（3）在 2 支试管中各加入约 1mL $0.2mol \cdot L^{-1}$ $NiSO_4$溶液，然后往 2 支试管中分别加入少量 $0.1mol \cdot L^{-1}$ $BaCl_2$溶液和 $0.1mol \cdot L^{-1}$ NaOH 溶液，观察现象。写出反应方程式。

另取一支试管，加入约 2mL $0.2mol \cdot L^{-1}$ $NiSO_4$溶液，再逐滴滴加 $6 mol \cdot L^{-1}$ NH_3溶液，边滴边振荡，待生成的沉淀完全溶解后，把溶液分为两份。分别加入少量 $0.1 mol \cdot L^{-1}$ $BaCl_2$溶液和 $0.1 mol \cdot L^{-1}$ NaOH 溶液，观察现象。写出反应方程式，并解释所观察到的现象。

（4）在试管中滴入 10 滴 $0.1 mol \cdot L^{-1}$ $FeCl_3$溶液，然后滴加少量 $0.1 mol \cdot L^{-1}$ KSCN 溶液，观察现象。写出反应方程式。

用 $0.1mol \cdot L^{-1}$ $K_3[Fe(CN)_6]$溶液代替 $FeCl_3$溶液，按上述方法进行同样的实验，观察现象，并解释之。

2. 配离子稳定性的比较 在 2 支试管中各加入 0.5mL $0.1mol \cdot L^{-1}$ $AgNO_3$溶液，再各滴入 2 滴 $0.1mol \cdot L^{-1}$ KBr 溶液，观察浅黄色 AgBr 沉淀的生成。然后在一支试管中滴加 $0.1mol \cdot L^{-1}$ $Na_2S_2O_3$溶液，边滴加边振荡，直至沉淀恰好溶解；另一支试管中滴加同样滴数的 $0.1mol \cdot L^{-1}$ NH_3溶液，观察沉淀是否溶解。并加以解释。

3. 配位平衡的移动

（1）在 1 支试管中加入 3 滴 $0.1mol \cdot L^{-1}$ $FeCl_3$溶液，再加入 3 滴 $0.1mol \cdot L^{-1}$ KSCN 溶液，加 10mL 水稀释后，将溶液分成 3 份。第一份中加入 5 滴 $0.1mol \cdot L^{-1}$ $FeCl_3$溶液；第二份中加入 5 滴 $0.1mol \cdot L^{-1}$ KSCN 溶液；第三份留作比较。观察现象，比较实验结果，并加以解释。

（2）在 1 支试管中加入少量 $0.1mol \cdot L^{-1}$ $CoCl_2$溶液，滴加少量 $0.1mol \cdot L^{-1}$ KSCN 溶液，观察溶液有何变化。再加入少量 $1mol \cdot L^{-1}$ KSCN 溶液，观察生成蓝紫色溶液（生成$[Co(SCN)_4]^{2-}$配离子）。然后加入水稀释，观察颜色有何变化？解释以上实验现象。

（3）在 1 支试管中加入少量 $0.1mol \cdot L^{-1}$ $CuSO_4$溶液，再滴加 $6mol \cdot L^{-1}$ NH_3溶液至生成的沉淀恰好溶解，观察溶液的颜色。然后将此溶液加水稀释，观察沉淀又重新生成。解释上述现象。

（4）在 1 支试管中按上面实验方法制取$[Cu(NH_3)_4]^{2+}$溶液，然后滴加 $2 mol \cdot L^{-1}$ H_2SO_4溶液，观察现象，并加以解释。

4. 螯合物的生成

（1）取 2 支试管，在 1 支试管中滴加 10 滴$[Fe(SCN)_6]^{3-}$溶液（自己制备），在另一支试管中滴加 10 滴$[Cu(NH_3)_4]^{2+}$溶液（自己制备），然后分别向 2 支试管中滴加 $0.1mol \cdot L^{-1}$

EDTA 溶液，各有什么现象发生？解释所发生的现象。

（2）在 1 支试管中滴加 10 滴 0.2mol · L^{-1} $NiSO_4$ 溶液，10 滴 0.1mol · L^{-1} NH_3 溶液和 10 滴 10g · L^{-1} 丁二酮肟溶液，观察有什么现象发生？

【思考题】

（1）例说明配离子和简单离子的颜色、离子浓度、溶解度、氧化性、还原性等性质上的区别。

（2）总结本实验中所观察到的现象，说明有哪些因素影响配位平衡？

（3）本实验中所用的 EDTA 是什么物质？它与金属离子所形成的配离子有何特点？

实验十九 生理盐水中 NaCl 质量浓度的测定

【目的】

（1）学习 $AgNO_3$ 标准溶液的配制和标定方法。

（2）了解法扬司法测定 Cl^- 离子的原理和方法。

（3）了解吸附指示剂的应用。

【原理】

法扬司法又称为吸附指示法，可以测定 Cl^-，Br^-，I^-，SCN^-等离子的含量。

生理盐水溶液是一种电解质补充液，药典规定 NaCl 的质量浓度应为 $8.5 \sim 9.5 g \cdot L^{-1}$。生理盐水溶液的质量浓度可采用法扬司法进行测定。法扬司法是以吸附指示剂指示终点，用 $AgNO_3$ 标准溶液直接滴定 Cl^-离子。

AgCl 胶体沉淀具有强烈的吸附作用，能选择吸附溶液中的离子，且优先吸附构晶离子。若溶液中 Cl^-离子过量，则 AgCl 沉淀表面吸附 Cl^-离子，使胶粒带负电荷，吸附层中的 Cl^-离子能稀疏地吸附溶液中的阳离子形成扩散层。而当溶液中 Ag^+过量时，AgCl 沉淀表面优先吸附 Ag^+，胶粒带正电荷，吸附层中的 Ag^+吸附溶液中的阴离子形成扩散层。吸附指示剂多为有机弱酸，它在溶液中解离出的阴离子易被带正电荷的胶状沉淀所吸附，被吸附后的阴离子产生变形，发生颜色变化，从而指示滴定终点。荧光黄（HIn）是一种有机弱酸，在溶液中发生部分解离：

$$\mathrm{HIn(aq)} \rightleftharpoons \mathrm{H^+(aq) + In^-(aq)}$$

在化学计量点前，滴加 $AgNO_3$ 溶液与生理盐水溶液的 Cl^-生成 AgCl 胶状沉淀，由于 Cl^-过量，AgCl 沉淀吸附 Cl^-离子带负电荷，此时 In^-不被吸附，溶液呈黄绿色。在化学计量点后，稍过量的 Ag^+被 AgCl 沉淀吸附形成表面带正电荷的沉淀 $AgCl \cdot Ag^+$。表面带正电荷的沉淀吸附荧光黄解离出的阴离子呈粉红色，从而指示滴定终点。显色原理可表示如下：

$$\underset{\text{(黄绿色)}}{\mathrm{AgCl \cdot Ag^+ + In^-}} \longrightarrow \underset{\text{(粉红色)}}{\mathrm{AgCl \cdot Ag^+ \cdot In^-}}$$

滴定时酸度的控制，以吸附指示剂的标准解离常数 $K_a^\ominus$ 和 Ag^+的水解酸度决定。应用荧光黄作指示剂时，滴定可在中性溶液中进行。

为了使 AgCl 沉淀尽可能呈胶体状态，常加入糊精溶液作为保护胶体。

生理盐水溶液的质量浓度可用下式计算：

$$\rho(\mathrm{NaCl}) = \frac{c(\mathrm{AgNO_3})V(\mathrm{AgNO_3})M(\mathrm{NaCl})}{V(\mathrm{NaCl})}$$

式中，$\rho(\mathrm{NaCl})$ 为生理盐水溶液的质量浓度；c（$AgNO_3$）为 $AgNO_3$ 标准溶液的浓度；V（$AgNO_3$）为滴定所消耗的 $AgNO_3$ 标准溶液的体积；M（NaCl）为 NaCl 的摩尔质量；V（NaCl）为取用生理盐水溶液的体积。

【仪器与试剂】

仪器：分析天平，托盘天平，滴定台，酸式滴定管（50mL），锥形瓶（250mL），吸量管（10mL），移液管（25mL），容量瓶（100mL），烧杯（50mL），量筒（100mL，10mL），洗瓶，洗耳球。

试剂：NaCl（s，A.R），$AgNO_3$（0.1mol · L^{-1}），生理盐水溶液（9g · L^{-1}，市售），糊精（20g · L^{-1}），荧光黄（1g · L^{-1}）。

【实验步骤】

1. 标定 $AgNO_3$ 溶液 准确称取 0.5～0.65g NaCl 基准物质于小烧杯中，加蒸馏水溶解后，转入 100mL 容量瓶中，稀释至刻度，摇匀。

用移液管移取 25.00mL NaCl 溶液于 250mL 锥形瓶中，再加 30mL 蒸馏水、5mL 糊精溶液和 8 滴荧光黄指示剂，用 $AgNO_3$ 溶液滴定至浑浊液由黄绿色转变为微红色，即为终点。平行标定三次，根据滴定所消耗 $AgNO_3$ 溶液的体积和取用 NaCl 基准物质的质量，计算出 $AgNO_3$ 标准溶液的浓度。

2. 测定生理盐水溶液的质量浓度 用吸量管准确吸取 10.00mL 生理盐水溶液于 250mL 锥形瓶中，加入 40mL 蒸馏水、5mL 20 g · L^{-1} 糊精溶液和 8 滴荧光黄指示剂，用 $AgNO_3$ 标准溶液滴定至浑浊溶液由黄绿色转变为粉红色，即为终点。平行测定三次，根据取用生理盐水溶液的体积，$AgNO_3$ 标准溶液的浓度和滴定消耗 $AgNO_3$ 标准溶液的体积，计算出生理盐水溶液的质量浓度。

【思考题】

（1）本实验中加入糊精的目的是什么？

（2）法扬司法测定可溶性氯化物溶液质量浓度的条件是什么？

实验二十 醋酸解离平衡常数的测定

【目的】

（1）掌握测定解离平衡常数及解离度的方法。

（2）掌握用 pH 计测定溶液的 pH。

（3）巩固电子天平、碱式滴定管、移液管的规范操作。

【原理】

醋酸是一种常见的一元弱酸，在溶液中存在下列解离平衡：

$$HAc+H_2O \rightleftharpoons H_3O^+ +Ac^-$$

一定温度下，解离达到平衡时：

$$K_a = \frac{[H_3O^+][Ac^-]}{[HAc]} \approx \frac{[H_3O^+]^2}{c}$$

$$\alpha = \frac{[H_3O^+]}{c} \qquad (20\text{-}1)$$

式（20-1）中，$[H_3O^+]$、$[Ac^-]$、$[HAc]$为平衡浓度，K_a、α 分别为解离常数和解离度，HAc 的原始浓度为 c，c 可用 NaOH 标准溶液滴定测得。根据上述关系，通过测定 HAc 溶液的 pH 而得其$[H_3O^+]$，从而计算该 HAc 溶液的解离度和解离平衡常数。

HAc 是一元弱酸，K_a =1.76×10^{-5}，可以用 NaOH 标准溶液直接滴定。由于滴定突跃范围在碱性范围内，故常用酚酞作为指示剂。

$$c(\mathrm{HAc})=\frac{c(\mathrm{NaOH})V(\mathrm{NaOH})}{V(\mathrm{HAc})}$$

【仪器材料与试剂】

仪器：PHS-3C 型酸度计，电子天平，碱式滴定管（25mL），锥形瓶（250mL×3），容量瓶（50mL×4、100mL），移液管（5mL、10mL、20mL），小烧杯（100mL×6），玻璃棒，温度计。

试剂：0.1mol · L^{-1}NaOH 标准溶液，0.1mol · L^{-1}HAc，酚酞指示剂，pH=6.86 标准缓冲溶液。

【实验步骤】

1. HAc 溶液浓度的测定 取 10mL 的移液管，用少量 0.1 mol · L^{-1} HAc 润洗移液管 3 次，然后吸取 0.1mol · L^{-1} HAc 10mL 于锥形瓶中，加入 2 滴酚酞指示剂。取 25mL 碱式滴定管，用少量蒸馏水清洗干净，再用少量已知准确浓度的 NaOH 标准溶液进行润洗 3 次，将 NaOH 标准溶液倒入碱式滴定管至“0”刻线以上，检查有无气泡，如果存在气泡务必将其排出。通过挤压橡胶管中的小球调节液面高度至“0”刻线或“0”刻线以下，记录初始体积（准确至 0.01mL）。将含有 HAc 溶液的锥形瓶移至衬有白纸或白瓷砖的滴定管下，缓慢滴加 NaOH 溶液进行滴定，滴定速度先快后慢，在滴加的同时摇动锥形瓶，并观察溶液颜色变化。若有溶液溅到锥形瓶内壁，务必用蒸馏水冲洗锥形瓶内壁。滴定至溶液呈微红色且 30s 内不褪色即为滴定终点。记录所消耗 NaOH 标准溶液体积。再重复测定两次。测定结果的相对平均偏差不应大于 0.2%。计算 HAc 溶液的准确浓度。

2. 配制不同浓度的醋酸溶液 取 4 个 50mL 的容量瓶，用 5mL、10mL 和 20mL 的移液管分别加入 2.5mL、5mL、20mL 和 25mL 已知准确浓度的 HAc，加蒸馏水至容量瓶刻线处，将溶液充分摇匀后待用。并计算稀释后的浓度值。

3. 测定 HAc 溶液的 pH 取上述四种不同浓度的 HAc 溶液分别置于四只干燥小烧杯中，按溶液由稀到浓的顺序分别在酸度计上测定它们的 pH。

根据实验测得的 pH 数据和 HAc 的不同浓度，分别计算出 HAc 的解离度和解离平衡常数。

【思考题】

（1）实验中测定不同浓度 HAc 溶液的 pH 时，为什么要用干燥的烧杯来盛装溶液，若无干燥的烧杯，则需用待测溶液润洗 2～3 次，为什么？

（2）如果改变所测 HAc 溶液时的温度，则解离度和解离平衡常数有无变化？

（3）影响醋酸 α 和 K_a 的因素有哪些？

Experiment 20: Determination of the Dissociation Equilibrium Constant of Acetic Acid

[Purposes]

(1) To learn the method to determine the degree of ionization and dissociation equilibrium constant.

(2) To learn how to use pH meter to determine the pH of the solution.

(3) To learn the manipulation of analytical balance, burette and transfer pipettes.

[Principles]

Acetic acid is a weak acid. There is a dissociation equilibrium in its solution. There are a lot of applications of its dissociation.

$$HAc+H_2O \rightleftharpoons H_3O^+ + Ac^-$$

Its acid dissociation constant K_a

$$K_a = \frac{[H_3O^+][Ac^-]}{[HAc]} \approx \frac{[H_3O^+]^2}{c}$$

Its degree of ionization α

$$\alpha = \frac{[H_3O^+]}{c} \tag{20-1}$$

Here, $[H_3O^+]$、$[Ac^-]$ and $[HAc]$ respectively are the concentrations of H_3O^+, Ac^- and HAc in equilibrium, c is the initial concentration of HAc. c can be determined by titration with NaOH standard solution, $[H_3O^+]$ can be learned by determining the pH of HAc solution, according to the equations listed above, K_a, α can be calculated.

$$c(HAc)=\frac{c(NaOH)V(NaOH)}{V(HAc)}$$

[Apparatus and Reagents]

Apparatus: PHS-3C type pH meter, electronic balance, base burette (25mL), conical flask (250mL×3), volumetric flask (50mL×4, 100mL), transfer pipette (5mL, 10 mL, 20mL), beaker (100mL×6), glass rod, thermometer (100℃, division value 0.1℃).

Reagents: 0.1 $mol \cdot L^{-1}$ NaOH standard solution, 0.1 $mol \cdot L^{-1}$ HAc, phenolphthalein indicator, pH=6.86 standard buffer solution.

[Procedures]

1. Determination of the concentration of 0.1 mol · L^{-1} HAc solution

Transfer 10.00mL 0.1 mol · L^{-1} HAc Solution to a conical flask by transfer pipette, add 2 drops phenolphthalein to the solution. Use 0.1 mol · L^{-1} NaOH standard solution to titrate it. It is the signal of the end point of titration when the color of the solution turns pink and doesn't disappear in 30 seconds. Repeat this experiment three times. Record the consumed volume in the base burette. Calculate the concentration of HAc solution and make sure the relative average deviation is less than 0.2%.

2. Preparation of HAc solution with different concentrations

Transfer 50.00mL, 25.00mL, 5.00mL, 2.50mL HAc solution of accurately known concentration to four 50mL volumetric flasks by transfer pipettes, then add distilled water to the meniscus in each volumetric flask carefully and shake it to mix the solution even. Calculate the accurate concentrations of HAc solutions in four flasks respectively.

3. Measurement of pH of four solutions above mentioned

Take out about 25mL of the above-mentioned HAc solutions into four dry 50mL beakers respectively. Determine the pH values of the HAc solutions successively from dilute to concentrated solution with a pH meter, and record the pH value and the temperature. Calculate its α and K_a.

[Questions]

(1) Why are the dry beakers used to measure the pH of the solution with different concentrations in the experiment, why are the beakers rinsed for 2—3 times without the dry beakers?

(2) If the temperature of the HAc solution is changed, whether the ionization degree and the dissociation constant will change or not?

(3) What's the influence factor of α and K_a?

实验二十一　凝固点降低法测定葡萄糖的摩尔质量

【目的】

（1）了解凝固点降低法测定溶质摩尔质量的原理及方法。

（2）进一步理解稀溶液依数性。

（3）正确使用移液管和电子天平，练习刻度分值为0.1℃的温度计的使用。

【原理】

纯液体的凝固点是物质的固态与它的液态平衡共存时的温度。溶液的凝固点降低是指当纯溶剂中溶入难挥发的物质后，溶液的凝固点会低于纯溶剂的凝固点，这一现象称之为溶液的凝固点降低。

难挥发非电解质稀溶液的凝固点降低与溶质 B 的质量摩尔浓度成正比：

$$\Delta T_f = K_f \cdot b_B \tag{21-1}$$

式中：ΔT_f 为凝固点降低值；b_B 为溶质 B 的质量摩尔浓度；K_f 为溶剂的凝固点降低常数。

根据溶质 B 的质量摩尔浓度的定义，式（21-1）可改写为：

$$\Delta T = \frac{K_f \cdot m_B}{m_A \cdot M_B} \tag{21-2}$$

式中：m_B 为溶质 B 的质量；m_A 为溶剂 A 的质量；M_B 为溶质 B 的摩尔质量。由式（21-2）可得：

$$M_B = \frac{K_f \cdot m_B}{\Delta T_f \cdot m_A} \tag{21-3}$$

若已知溶剂的 K_f，通过实验测得 ΔT_f，利用式（21-3）可求得溶质 B 的摩尔质量。

纯溶剂或溶液凝固点的测量常采用过冷法。

将纯溶剂逐渐降温至过冷，然后促使其结晶。当晶体生成时，放出的热使系统温度保持相对恒定，直到全部液体凝固后温度才会下降（图 21-1）。此相对恒定的温度即为纯溶剂的凝固点 (T_f^*)。

溶液的冷却曲线与纯溶剂的不同，溶液的冷却曲线如图 21-2 所示。溶液冷却时，通常是溶剂先逐渐结晶析出，溶液的浓度逐渐增大，溶液的凝固点也进一步降低。因此，溶液的温度没有一个相对恒定的阶段，可将溶液温度回升的最高温度看作是溶液的凝固点 (T_f^*)。

【仪器与试剂】

仪器：电子天平，温度计（100℃，具有 0.1℃分度），移液管（25mL），洗耳球，烧杯（500mL），大试管，铁架台，放大镜，药勺。玻璃棒，金属丝搅拌棒，单孔软木塞。

试剂：葡萄糖（s），粗食盐（s），冰。

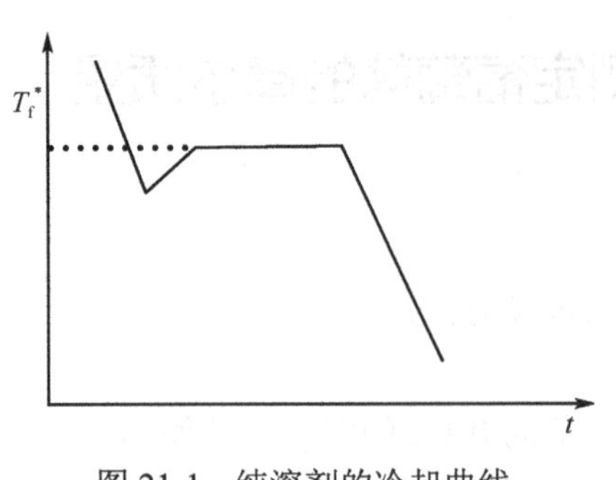

图 21-1　纯溶剂的冷却曲线

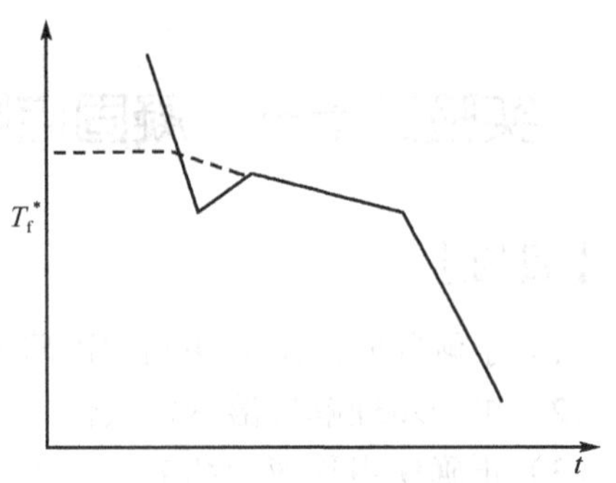

图 21-2　溶液的冷却曲线

【实验步骤】

1. 安装仪器　用移液管量取 25.00mL 蒸馏水，注入干燥大试管中。在分析天平上准确称量 1.3～1.4g 葡萄糖（准确至 0.001g），倒入盛有 25.00mL 蒸馏水的大试管中。待葡萄糖全部溶解后，用带有温度计和金属丝搅拌棒的软木塞将大试管口塞好，调节温度计的高度，使水银球全部进入葡萄糖溶液中。在大烧杯中装入 1/2 体积的冰块和 1/4 体积的水，再放入 3～4 勺粗食盐，作为冰水浴。

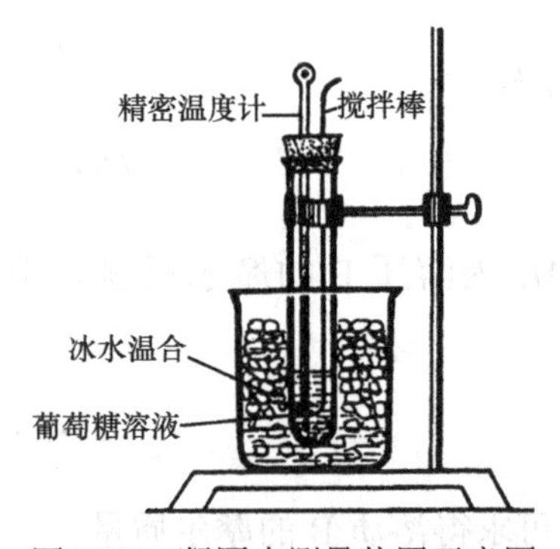

图 21-3　凝固点测量装置示意图

2. 溶液凝固点的测量　按图 21-3 的装置，将大试管放入冰水浴中，使溶液的液面低于冰水浴的液面，并固定在铁架台上。上下移动金属丝搅拌棒，使溶液慢慢冷却，注意观察温度计读数，待有固体开始析出时，停止搅拌。记录温度回升时所达到的最高温度，取出大试管，使冰融化，再重复测量 2 次。3 次测量值之差不能超过 0.05℃。

3. 溶剂凝固点的测量　洗净大试管、温度计和金属丝搅拌器，放入约 20mL 蒸馏水，用上述方法测量溶剂的凝固点。重复测量 3 次，各次测量值之差不超过 0.03℃。

4. 数据处理　算出 3 次实验测量值的平均值，利用式（21-3）计算出葡萄糖的摩尔质量。

【思考题】

（1）凝固点降低法可测量哪些物质的摩尔质量？

（2）血清、尿液等生物样品，是否可通过测量其溶液的凝固点降低值计算其渗透压力？

（3）医学上常需配制等渗溶液，能否通过测量该溶液的凝固点降低值以确定该溶液是否为等渗溶液？以水为溶剂时，等渗溶液的凝固点降低值应是多少？

Experiment 21: Determination of the Relative Molecular Mass of Glucose by Freezing Point Depression Method

[Purposes]

(1) To learn the principle and the method of freezing point depression method to determine the relative molecular mass of the solute.

(2) To have a deeply understand of colligative properties of dilute solution.

(3) To practice to use the pipette and the electrical balance.Practice how to use the thermometer whose division value is 0.1.

[Principles]

The freezing point is the temperature at which liquid and solid phases coexist in equilibrium. When you add the nonvolatile solute into the pure solvent, the freezing point will be lower than that of the pure solvent. This phenomenon is the freezing point depression.

The freezing point depression of nonvolatile dilute electrolyte solutions is proportional to the molality of solute B:

$$\Delta T_{\mathrm{f}} = K_{\mathrm{f}} \cdot b_{\mathrm{B}} \qquad (21\text{-}1)$$

ΔT_{f} is freezing point depression values; b_{B} is the molality of solute B; K_{f} is the freezing point depression constant of the solute.

According to the definition to the molality of the solute B, equation(21-1)can be rewritten as:

$$\Delta T = \frac{K_{\mathrm{f}} \cdot m_{\mathrm{B}}}{m_{\mathrm{A}} \cdot M_{\mathrm{B}}} \qquad (21\text{-}2)$$

Where m_{B} is the quality of the solute B, m_{A} is the quality of the solvent A, M_{B} is the molar mass of the solute B. From equation (21-2) can get:

$$M_{\mathrm{B}} = \frac{K_{\mathrm{f}} \cdot m_{\mathrm{B}}}{\Delta T_{\mathrm{f}} \cdot m_{\mathrm{A}}} \qquad (21\text{-}3)$$

If the K_{f} is known, get the ΔT_{f} by the experiment, use equation (21-3) we can calculate the molality of the solute B.

Usually, we measure the freezing point of the pure solvent or the solution with over-cooling method.

Cool the pure solvent to over-cooling gradually. Than make it crystal. When the crystal is generating, it is exothermic to make temperature of the system relatively constant. The temperature will not lower until all the liquid is solidification (Figure 21-1).The temperature which is relatively constant is the freezing point of the pure solvent.

The cooling curve of solution is different from that of pure solvent (Figure 21-2).When the solution is cooling, usually, the solvent is gradually crystallizing first, the concentration of the solution is gradually increasing, and the freezing point is lower too, so there is not a relatively constant temperature in this process. Take the maximum temperature that the solution can recover to as the freezing point of the solution.

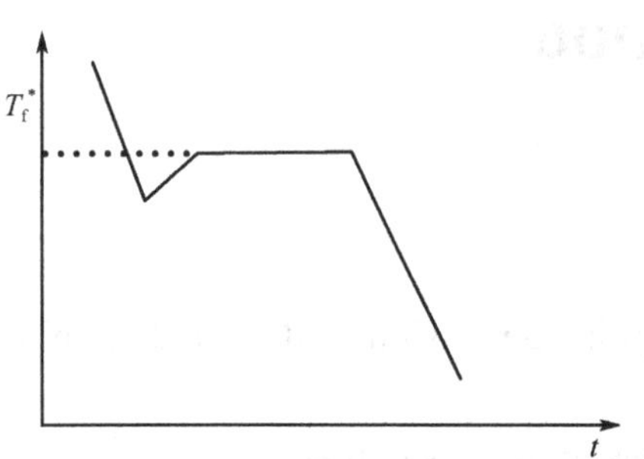

Figure 21-1 The cooling curve of pure solvent

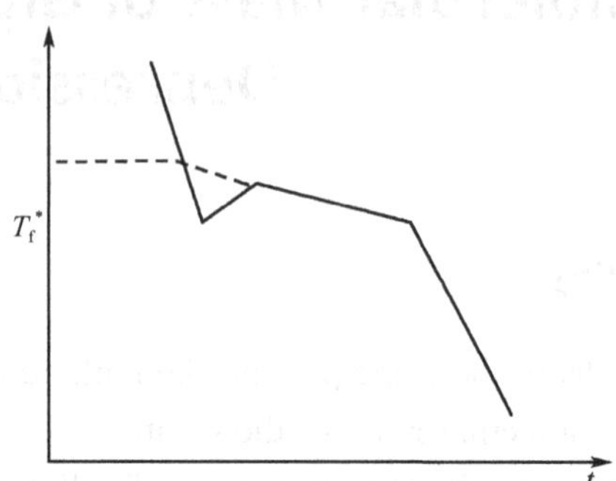

Figure 21-2 The cooling curve of solution

[Apparatus and Reagents]

Apparatus: analytical balance, thermometer (100℃, division value 0.1℃), pipette (25mL), rubber suction bulb, beaker (500mL), test tubes, siderocradle, magnifier, medicine spoon.
Reagents: glucose (s), coarse salt (s), Ice.
Materials: glass rod, stirring rod, cork.

[Procedures]

1. Installation of equipment

Take 25.00mL distilled water by pipette and put it into the test tube.

Weigh 1.3—1.4g glucose by analytical balance (accurate to 0.001g). Then put it into the test tube which is filled with 25.00mL distilled water.

When the glucose have completely dissolved, cover the test tube with the cork which have a thermometer and a stirring rod.

Make the thermometer's mercury ball completely immersion into the solution of glucose.

Put 1/2 volume of the beaker ice and 1/4 volume of the beaker water into the beaker, and put table salt of 3—4 medicine spoon into it.

2. Measurement of the freezing point of solution

Put the test tube into ice-water bath, make the surface of the solution lower than that of ice-water bath, and fix it onto the siderocradle (Figure 21-3). Move the stirring rod to make the solution cool. Observe the temperature. When solid is precipitating, stop stirring. Write the maximum temperature that the system can recover. Remove the test tube, make the ice melted.

Repeat the above procedure two more times, the difference of the three measurements is no more than 0.05℃.

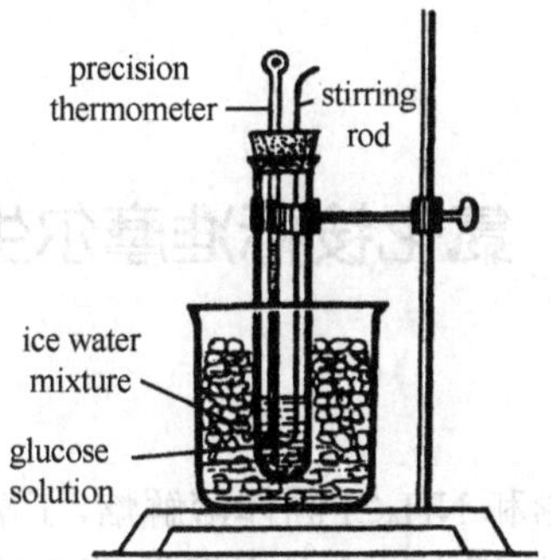

Figure 21-3 A freezing point measuring device

3. Measurement of the freezing point of solvent

Use the method above to measure the freezing point of the solvent. Repeat 3 times. The differences of each time are no more than 0.03℃.

4. Treating data

Take the average of the 3 measurements, use equation (21-3) to work out the molar mass of the glucose.

[Questions]

(1) Which substance's molar mass can use the freezing point depression method to determine?

(2) By determination of freezing point depression, can we get the osmotic pressure of the substance like serum, urine, etc?

(3) Sometimes we need prepare isotonic solution. By determination of freezing point depression, can we make sure that the solution is isotonic solution? Water as the solvent, what the freezing point depression of isotonic solution should be.

实验二十二　氯化铵标准摩尔生成焓的测定

【目的】

（1）测定 NH_3-HCl 的中和焓和 NH_4Cl 固体溶解焓，了解测定反应焓的一般原理和方法。

（2）掌握温度计、秒表的使用方法和简单的作图方法。

（3）通过 NH_4Cl 固体生成焓的测定，加深对 Hess 定律的理解。

【原理】

化学反应通常是在等压条件下进行的，等压下化学反应的热效应称为等压热效应，用符号 $\Delta_r H_m$ 表示。对于放热反应，$\Delta_r H_m$ 为负值；对于吸热反应，$\Delta_r H_m$ 为正值。在标准态下由稳定单质生成 1mol 化合物时的反应热效应称为该化合物的标准摩尔生成焓，用符号 $\Delta_f H_m^{\ominus}$ 表示。某些化合物的标准摩尔生成焓，可通过测定有关反应的标准摩尔反应焓间接求得。NH_3-HCl 的中和焓、NH_4Cl 固体的溶解焓和 NH_3（aq）、HCl（aq）的标准生成焓与 NH_4Cl 固体标准生成焓之间的关系为；

$$\frac{1}{2}N_2(g)+2H_2(g)+\frac{1}{2}Cl(g)\xrightarrow{\Delta_f H_m^{\ominus}(NH_4Cl,\ s)}NH_4Cl(s)$$

$$\downarrow \Delta_f H_m^{\ominus}(NH_3,aq)+\Delta_f H_m^{\ominus}(HCl,aq) \qquad\qquad \downarrow \Delta_{sol} H_m^{\ominus}$$

$$NH_3(aq)\ +\ HCl(aq)\xrightarrow{\Delta_r H_m^{\ominus}}NH_4Cl(aq)$$

根据 Hess 定律，NH_4Cl 固体的标准摩尔生成焓为：

$$\Delta_f H_m^{\ominus}(NH_4Cl,s)=\Delta_r H_m^{\ominus}-\Delta_{sol} H_m^{\ominus}+\Delta_f H_m^{\ominus}(NH_3,aq)+\Delta_f H_m^{\ominus}(HCl,aq)$$

利用 NH_3（aq）、HCl（aq）的标准摩尔生成焓和实验测得的 NH_3-HCl 的中和焓 $\Delta_r H_m^{\ominus}$、NH_4Cl 固体的溶解焓 $\Delta_{sol} H_m^{\ominus}$，通过计算求得 NH_4Cl 固体的标准摩尔生成焓。

量热计是测定反应热效应常用的仪器。本实验采用普通保温杯和分刻度为 0.1℃的温度计作为简易量热计（图 22-1），测量 NH_3-HCl 的中和焓和 NH_4Cl 固体的溶解焓。

图 22-1　简易量热计

当化学反应在量热计中进行时，反应放出或吸收热量，将是反应溶液和量热计的温度升高或降低。反应的标准摩尔反应焓可按下式计算：

$$\Delta_r H_m^{\ominus}=-\frac{(V\rho c+C_p)\Delta T}{\zeta}$$

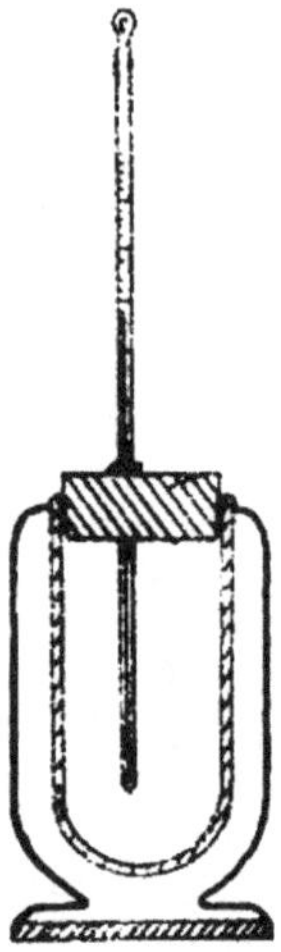

式中：$\Delta_r H_m^{\ominus}$—标准摩尔反应焓，SI 单位为 $J\cdot mol^{-1}$；V—溶液的体积，SI 单位为 m^3；ρ—溶液的密度，SI 单位为 $kg\cdot m^{-3}$；c—溶液的比热，SI 单位为 $J\cdot kg^{-1}\cdot K^{-1}$；$C_p$—量热计的热容，SI 单位为 $J\cdot K^{-1}$；ΔT—反应前后

温度的变化，SI 单位为 K；ξ：反应进度，SI 单位为 mol。

要测定反应焓，必须首先知道溶液的比热和量热计的热容。由于实验所用是稀溶液，故可把溶液的比热视为水的比热（$c = 4.184\ \text{J} \cdot \text{g}^{-1} \cdot \text{K}^{-1}$），而量热计的热容可用下述方法进行测定：

在量热计中先加入质量为 m 的冷水（温度为 T_1），再迅速加入相同质量的热水（温度为 T_2），若测得混合后水温为 T_3，则热水放出的热量为：

$$\Delta H_1 = cm(T_3 - T_2)$$

冷水吸收的热量为：

$$\Delta H_2 = cm(T_3 - T_1)$$

量热计吸收的热量为：

$$\Delta H_3 = C_p(T_3 - T_1)$$

由于热水放出的热量被冷水和量热计所吸收，故有：

$$\Delta H_1 = -(\Delta H_2 + \Delta H_3)$$

量热计的热容为：

$$C_p = \frac{mc[(T_2 - T_3) - (T_3 - T_1)]}{T_3 - T_1}$$

严格地说，简易量热计并非绝热系统，在实验中，系统和环境不可避免地发生了热量交换，致使不能观测到最大的温度变化。利用外推作图法，可消除这一影响。利用实验所测得的数据，以温度对时间作图（图 22-2），在所得各点间做一最佳直线 AB，延长 BA 交纵轴于 C 点，C 点所对应的温度就是系统上升的最高温度。

【仪器与试剂】

仪器：保温杯，温度计（0～50℃，分刻度为 0.1℃），电子天平，秒表，量筒（100mL），烧杯（100mL）。

试剂：HCl（$1.0\text{mol} \cdot \text{L}^{-1}$），$NH_3$（$1.0\text{mol} \cdot \text{L}^{-1}$），$NH_4Cl$（s）。

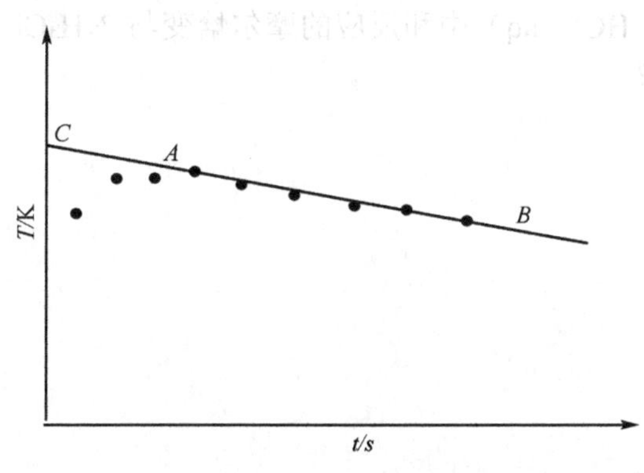

图 22-2　温度-时间曲线

【实验步骤】

1. 测量量热计的热容

（1）按图 22-1 安装保温杯式简易量热计。

（2）用量筒量取 50.0mL 自来水，倒入量热计中，盖好杯盖，用双手握住保温杯进行摇动（尽可能不使液体溅到盖子上），观察温度，若 3min 内温度不变，记下温度 T_1。

（3）量取 50.0mL 自来水，倒入 100mL 烧杯中，加热到温度高于室温 30℃时，准确测量温度 T_2。迅速将此热水倒入量热计中，盖好盖子，用上述同样方法摇动保温杯。在倒入热水的同时，按动秒表计时，每隔 20s 记录一次温度，直至温度上升到最高点，再继续测量 3min。

将上述实验重复一次，取两次实验所得结果的平均值，做温度-时间关系曲线，用外推法求得 T_3，并计算量热计的热容 C_p。

2. 测量 NH_3 与 HCl（aq）中和反应的摩尔焓变　用量筒量取 50.0mL 1.0mol · L^{-1} HCl 溶液，倒入烧杯中备用。洗净量筒，再量取 50.0mL 1.0mol · L^{-1} NH_3 溶液倒入量热器中，每隔 30s 记录一次 NH_3 溶液的温度。5min 后打开杯盖，把烧杯中 HCl 溶液一次倒入量热计中，立即盖好杯盖，不断振荡量热计。在加 HCl 溶液的同时，按动秒表记录时间和温度，直至温度上升到最高点，再继续测量 3min。做时间-温度关系曲线，用外推法求 ΔT，并计算 NH_3（aq）与 HCl（aq）中和反应的摩尔焓变。

3. 测量 NH_4Cl（s）的摩尔溶解焓变　用电子天平称量 4.00g NH_4Cl 固体备用。量取 100mL 蒸馏水倒入量热计中，每隔 30s 测量一次水温。5min 后加入 NH_4Cl 固体，立即盖好杯盖，并不断地摇荡量热计，促使 NH_4Cl 固体溶解。记录温度和时间，直至温度下降到最低点，再继续测量 3min。最后做温度-时间关系曲线，用外推法求得 ΔT，并计算 NH_4Cl 固体的溶解焓。

根据 Hess 定律，利用实验数据计算 NH_4Cl 的标准摩尔生成焓。

【思考题】

（1）为什么放热反应的温度-时间曲线的后半段逐渐下降，而吸热反应则相反？

（2）如果实验中有少量 NH_3 溶液或 NH_4Cl 固体黏附在量热器的器壁上对实验结果有何影响？

（3）NH_3（aq）与 HCl（aq）中和反应的摩尔焓变与 NH_4Cl（s）的摩尔溶解焓变之差，是哪一个反应焓变？

附　　录

附录 1　常用酸碱指示剂

指示剂	变色范围 pH	颜色变化	配制方法
甲基橙	3.1～4.4	红—黄	0.1g 溶于 100mL 水中
甲基红	4.4～6.2	红—黄	0.1g 溶于 60mL 乙醇+40mL 水中
酚酞	8.2～10.0	无—红	0.1g 溶于 60mL 乙醇 40mL 水中
酚红	6.6～8.0	黄—红	0.1g 溶于 80mL 乙醇+20mL 水中
百里酚蓝	1.2～2.8 8.0～9.6	红—黄 黄—蓝	0.1g 溶于 80mL 乙醇+20mL 水中
溴百里酚蓝	6.0～7.6	黄—蓝	0.1g 溶于 80mL 乙醇+20mL 水中
百里酚酞	9.4～10.6	无—蓝	0.1g 溶于 90mL 乙醇+10mL 水中

附录2　常用试剂的配制

1. 酚酞（w=0.01）指示剂：溶解 1g 酚酞于 90mL 酒精与 10mL 水的混合液中。

2. 百里酚蓝和甲酚红混合指示剂：取3份 w =0.001 的百里酚蓝酒精溶液与一份 w =0.001 甲酚红溶液混合均匀（混合前一定要溶解完全）。

3. 淀粉（w =0.005）溶液：在盛有 5g 可溶性淀粉与 100mg ZnCl 的烧杯中，加入少量水，搅匀，把所得糊状物倒入约 1L 正在沸腾的水中，搅匀并煮沸至完全透明。最好现用现配。

4. 二苯胺磺酸钠（w =0.005）：称取 0.5g 二苯胺磺酸钠溶解于 100mL 水中如溶液浑浊，可滴加少量 HCl 溶液。

5. 铬黑 T 指示剂：1g 铬黑 T 与 100g 无水 Na_2SO_4 固体混合，研磨均匀放入干燥的磨口瓶中，保存于干燥器内。也可配制成 w =0.005 的溶液使用，0.5g 铬黑 T 加 10mL 三乙醇胺和 90mL 无水乙醇，搅匀使其溶解完全。溶液不宜久放。

6. 钙指示剂：钙指示剂与固体无水 Na_2SO_4 宜 2∶100 本比例混合，研磨均匀，放入干燥的棕色瓶中，保存于干燥器内。也可配制成 w =0.005 的溶液使用（最好用新配置制的），配制方法与铬黑 T 类似。

7. 甲基红（w =0.001）：溶 0.1g 甲基红于 60mL 酒精中，加水稀释至 100mL。

8. 镁试剂：溶 0.001g 对硝基苯偶氮间苯二酚于 100mL 1mol · L^{-1} NaOH 溶液中。

9. 铝试剂（w =0.002）：溶 0.1g 铝试剂于 100mL 水中。

10. 奈斯勒试剂：将 11.5 g HgI_2 和 8 g KI 溶解于少量水中稀释至 50mL，加入 6mol · L^{-1} NaOH 溶液 50 mL，静置后取上清液贮存于棕色瓶中。

11. 醋酸铀酰锌：溶 10g UO_2（AC）$_2$ · $2H_2O$ 于 6 mL w =0.030 的 HAc 溶液中，略为加热使其溶解，稀释至 50 mL（溶液 A）。另溶解 30g Zn（AC）$_2$ · $2H_2O$ 于 6mL w =0.030 的 HAc 溶液中，搅动后稀释至 50 mL（溶液 B）将以上两种溶液分别加热至 70℃后混合，静置 24h，取其上清液贮于棕色瓶中。

12. 钼酸铵试剂（w =0.05）：称取 5g（NH_4）$_2MoO_4$，加 5mL 浓 HNO_3 溶液，加水至 100 mL。

13. 磺基水杨酸（w =0.10）：10g 磺基水杨酸溶于 65mL 水中，加入 35mL 2mol · L^{-1} NaOH 溶液，摇匀。

14. 铁铵钒 $(NH_4)_2Fe(SO_4)_2 \cdot 12H_2O$（$w$ =0.40）：铁铵钒饱和水溶液加浓 HNO_3 至溶液变清。

15. 硫代乙酰胺（w =0.05）：溶解 5g 硫代乙酰胺于 100 mL 水中，如浑浊须过滤。

16. 二乙酰肟：溶解 1g 二乙酰肟于 100mL w =0.95 酒精中。

17. 钴亚硝酸钠试剂：溶解 $NaNO_2$　23g 于 500mL 水中，加 6mol · L^{-1}HAc 溶液 16.5mL 及 Co $(NO_3)_2 \cdot 6H_2O$ 3g，静置过夜，过滤或取其上清液，稀释至 100mL 。贮于棕色瓶中。每隔 4 周重新配值，或直接加六硝基合钴酸钠固体于水中，至溶液为深红色即可使用。

18. 亚硝酰鉄氰化钠：溶解 1g 亚硝酰鉄氰化钠于 100mL 水中。每隔数日，即须重新配制。

19．硝胺指示剂（w=0.001）：取 0.1g 硝胺，溶于 100mL w=0.70 酒精溶液中。

20．邻菲罗啉指示剂（w=0.0025）：0.25g 邻菲罗啉加几滴 6mol · L^{-1} H_2SO_4 溶液，溶于 10mL 水中。

21．硫氰酸汞铵〔$(NH_4)_2Hg(SCN)_4$〕：溶解 8g $HgCl_2$ 和 9g NHSCN 于 100mL 水中。

22．氯化亚锡（1mol · L^{-1}）：溶 23g $SnCl_2 \cdot 2H_2O$ 于 34mL 浓 HCl 中，加水稀释至 100mL，临用时配制。

23．二苯硫腙：溶解 0.1g.二苯硫腙于 1000mL CCl_4 或 $CHCl_3$ 中。

24．甲基橙（w=0.001）：溶解 0.1g 甲基橙于 100mL 水中，必要时过滤。

25．银氨溶液：溶解 1.7g $AgNO_3$ 于 17mL 氨水中，用水稀释至 1000mL。

26．碘化钾-亚硫酸溶液：50g KI 和 200g $NaSO_3 \cdot 7H_2O$ 溶于 1000mL 水中。

27．a-萘胺：0.3g α-萘胺与 20mL 水煮沸，所得溶液中加 2mol · L^{-1} HAc 溶液。

附录3　标准缓冲溶液

标准缓冲溶液名称	标准缓冲液配制	25℃时 pH
0.05mol · L^{-1} 四草酸氢钾溶液	称取已在（54±3）℃下烘干 4～5h 的四草酸氢钾 12.61g，溶于蒸馏水，稀释至 1L	1.679
0.05 mol · L^{-1} 邻苯二甲酸氢钾溶液	称取已在（115±5）℃下烘干 2～3h 的邻苯二甲酸氢钾 10.12g，溶于蒸馏水，稀释至 1L	4.008
约 0.034 mol · L^{-1} 25℃饱和酒石酸氢钾溶液	在玻璃磨口瓶中装入蒸馏水和过量的酒石酸氢钾粉末（约 20g · L^{-1}），温度控制在 25℃±5℃下，剧烈震摇动 20～30min，溶液澄清后，用倾泻法取其清夜备用（如用 0.02 级的仪器，饱和温度应控制在 25℃±3℃）	3.557
0.025 mol · L^{-1} 磷酸二氢钾	分别称取已在（115±5）℃下烘干 2～3h 的 [1] 磷酸氢二钠 3.53 g	6.865
–0.025 mol · L^{-1} 磷酸氢二钠混合液	和磷酸二氢钾 3.39g 溶于蒸馏水，稀释至 1L（如用 0.02 级的仪器，蒸馏水应预先煮沸 15～30min）	6.865
0.008665mol · L [1] 磷酸二氢钾 0.03032mol · L^{-1} 磷酸氢二钠混合液	分别称取已在（115±5）℃下烘干 2～3h 的 [1] 磷酸氢二钠 1.179g 和磷酸二氢钾 4.30g 溶于蒸馏水，稀释至 1L.如用 0.02 级的二钠混合液仪器，蒸馏水应预先煮沸 15～30min）	7.413
0.01mol · L^{-1} 硼砂溶液	称取硼砂 3.80g（注意不能烘），溶于蒸馏水，稀释至 1L（如用 0.02 级的仪器，蒸馏水应预先煮沸 15～30min）	9.186
0.025 mol · L^{-1} 碳酸氢钠 –0.025 mol · L^{-1} 碳酸钠混合液	分别称取已在（270～300）℃下烘干至恒重的碳酸钠 2.65g 和在硫酸干燥器中干燥约 4h 的碳酸氢钠 2.10g 溶于蒸馏水，用混合液稀释至 1 L（如用 0.02 级的仪器，蒸馏水应预先煮沸 15～30min）	10.012
0.020mol · L^{-1} 2 5℃饱和氢氧化钙溶液	在玻璃磨口瓶或聚乙烯塑料瓶中装入蒸馏水和过量的氢氧化钙粉末（约 50～10g · L^{-1}），温度控制在 25℃±5℃下，剧烈震摇动 20～30min，迅速用抽滤法滤取其清夜备用（如用 0.02 级的仪器，饱和温度应控制在 25℃±1℃）	12.454